职业教育智能制造领域高素质技术技能人才培养系列教材

数控编程与加工项目式教程

主　编　曾　霞
副主编　赵小刚　吴晓燕
参　编　李　娜　雒钰花　李荣丽　李　渊
　　　　周宏菊　姚　艳　付斌利　王坤峰

机械工业出版社

本书为"双高"专业建设成果，根据企业用人需求及《铣工国家职业技能标准（中级）》《车工国家职业技能标准（中级）》《电切削工国家职业技能标准（中级）》和1+X《多工序数控机床操作职业技能等级标准》编写。本书为理实一体化教材，配有技能训练活页式工作手册，内容包括数控铣工、数控车工、电切削操作工基本操作训练，以及数控加工工艺、数控编程等方面的基础知识，涵盖了数控铣工、数控车工、电切削操作工中级、高级技能的绝大部分知识点。

本书所介绍的系统为目前企业主流使用的FANUC 0i系统，每个学习内容都配备了相关的案例，并融入思政元素，可作为应用型本科、职业院校机械制造类相关专业课程教材，也可作为社会培训及行业从业人员的参考用书。

为方便教学，本书植入二维码视频，配有电子课件、电子教案、思考与练习答案、模拟试卷及答案等，凡选用本书作为授课教材的教师可登录机械工业出版社教育服务网（www.cmpedu.com）注册后下载配套资源。本书咨询电话：010-88379564。

图书在版编目（CIP）数据

数控编程与加工项目式教程/曾霞主编. —北京：机械工业出版社，2022.7（2023.8重印）

职业教育智能制造领域高素质技术技能人才培养系列教材

ISBN 978-7-111-70844-5

Ⅰ.①数… Ⅱ.①曾… Ⅲ.①数控机床–程序设计–高等职业教育–教材②数控机床–加工–高等职业教育–教材　Ⅳ.①TG659

中国版本图书馆CIP数据核字（2022）第090408号

机械工业出版社（北京市百万庄大街22号　邮政编码100037）

策划编辑：冯睿娟　　　　　责任编辑：冯睿娟　章承林
责任校对：梁　静　张　微　封面设计：王　旭
责任印制：刘　媛

涿州市京南印刷厂印刷

2023年8月第1版第3次印刷
184mm×260mm·15.5印张·382千字
标准书号：ISBN 978-7-111-70844-5
定价：49.90元

电话服务　　　　　　　　　网络服务
客服电话：010-88361066　　机　工　官　网：www.cmpbook.com
　　　　　010-88379833　　机　工　官　博：weibo.com/cmp1952
　　　　　010-68326294　　金　书　网：www.golden-book.com
封底无防伪标均为盗版　　　机工教育服务网：www.cmpedu.com

随着我国制造产业结构发生的巨大变化，航天航空、军工高端装备制造产业不断升级，机械产品数量与品种不断增加，用户对产品的性能和精度提出了越来越高的要求，质量和效率已经成为企业生存和发展的关键。在这个时期，数控技术得到了快速发展，数控机床被广泛应用。培养大批熟练掌握数控机床编程、操作、维护和修理的高素质技术技能人才成了目前迫切的需求。

本书注重培养学生理论联系实际的意识，发挥学生的潜力，提高学生的创新意识，融入工匠精神，提升学生的职业素养。本书以 FANUC 0i 数控系统为基础，结合实际产品加工的典型实例，较全面地介绍了数控车床、加工中心、数控电火花线切割机床的加工工艺、操作步骤以及编程等内容。所有实例的数控加工程序都附有详细、清晰的注释说明，每个项目后都设有思考与练习，并配有技能训练活页式工作手册，便于学生更好地掌握所学的内容和提升技能。

本书主要特点有：

1. 通过梳理知识点与案例，有效融入课程思政元素，有效提升学生的职业素养及爱国情怀。

2. 对接《铣工国家职业技能标准（中级）》《车工国家职业技能标准（中级）》《电切削工国家职业技能标准（中级）》和 1+X《多工序数控机床操作职业技能等级标准》，整合教材内容，更新教学载体，有效提升学生的技能。

3. 采用项目、活页式工作手册的编写模式，为学生的理论学习和实践操作提供了方便，使学生更好地掌握数控机床操作与编程的知识，提升实践技能。

4. 依托职教集团，与航天航空、军工企业大师结合岗位需求，共同开发教材案例，有效提升学生的岗位适应能力。

5. 本书为"双高"专业建设成果，配套资源丰富。本书建有配套在线课程，书中配有二维码视频、电子课件、电子教案、思考与练习答案等，可供学生进行学习。

本书由陕西国防工业职业技术学院曾霞主编，陕西国防工业职业技术学院赵小刚、南京科技职业学院吴晓燕为副主编，陕西国防工业职业技术学院李娜、雒钰花、李荣丽、李渊、周宏菊、姚艳、付斌利、王坤峰为参编。其中，姚艳、赵小刚编写项目 1，李荣丽、周宏菊、王坤峰编写项目 2，李娜、付斌利编写项目 3，雒钰花编写项目 4，李渊编写项目 5，吴晓燕、曾霞编写项目 6。技能训练活页式工作手册由曾霞编写，由付斌利审核。

由于编者水平有限，书中不足之处在所难免，恳请使用本书的教师和读者批评指正。

编 者

二维码索引

名称	图形	页码	名称	图形	页码
数控车床结构及操作		27	刀具长度补偿与自动换刀		91
数控车床机床坐标系		29	孔加工循环		97
圆柱台阶轴的编程加工		37	子程序与应用		106
带圆弧台阶轴的编程加工		37	极坐标与镜像功能编程		106
外圆粗车编程加工		38	型腔铣应用		110
轮廓粗车编程加工		43	铣削典型零件编程加工		125
螺纹编程加工		51	宏程序编程基础		133
典型轴类零件编程加工		65	数控车削宏程序应用		142
加工中心面板及基本操作		73	加工中心宏程序应用		146
加工中心机床坐标系		75	数控电火花线切割机床认识		149
刀具半径补偿		89	数控电火花线切割自动编程		162
刀具半径补偿应用		90			

IV

目录

前言
二维码索引

项目1　数控加工工艺基础 ……………… 1
任务1.1　平面槽凸轮数控加工工艺设计 …… 1
 1.1.1　毛坯选择 ………………………… 2
 1.1.2　数控加工工艺制订 ……………… 3
任务1.2　平面槽凸轮加工时夹具、刀具、
   量具的选择 ……………………… 13
 1.2.1　夹具选择 ………………………… 14
 1.2.2　常用刀具、量具选择 …………… 17
谆谆寄语 ……………………………………… 23
思考与练习 …………………………………… 23

项目2　数控车床编程与加工 …………… 26
任务2.1　数控车床的认识与操作 ………… 26
 2.1.1　数控车床的面板简介与
    基本操作 ……………………… 27
 2.1.2　数控机床坐标系 ………………… 29
 2.1.3　对刀 ……………………………… 30
任务2.2　异形轴的编程与加工 …………… 33
 2.2.1　数控车床指令功能 ……………… 33
 2.2.2　简单光轴的编程与加工 ………… 35
 2.2.3　长轴零件的编程与加工 ………… 38
 2.2.4　盘类零件的编程与加工 ………… 41
 2.2.5　仿形零件的编程与加工 ………… 43
任务2.3　槽与螺纹的加工 ………………… 47
 2.3.1　槽加工 …………………………… 48
 2.3.2　螺纹加工 ………………………… 51
任务2.4　数控车床自动编程 ……………… 57
 2.4.1　CAXA数控车2016界面 ………… 57
 2.4.2　常用工具栏 ……………………… 59
任务2.5　螺纹轴零件的编程与加工 ……… 65
谆谆寄语 ……………………………………… 69
思考与练习 …………………………………… 69

项目3　加工中心编程与加工 …………… 71
任务3.1　加工中心的认识与操作 ………… 71
 3.1.1　加工中心结构的认识 …………… 72
 3.1.2　加工中心的面板认识与
    基本操作 ……………………… 73
 3.1.3　加工中心机床坐标系 …………… 75
 3.1.4　加工中心的装刀 ………………… 76
任务3.2　平面轮廓的编程与加工 ………… 85
 3.2.1　数控铣削编程基础 ……………… 85
 3.2.2　直槽的编程与加工 ……………… 86
 3.2.3　凸台轮廓零件的加工 …………… 89
 3.2.4　型腔的编程与加工 ……………… 90
任务3.3　支承板的编程与加工 …………… 97
 3.3.1　孔加工基本路线 ………………… 97
 3.3.2　孔加工功能指令 ………………… 98
任务3.4　花瓣槽的编程加工 ……………… 105
 3.4.1　子程序功能 ……………………… 106
 3.4.2　特殊功能指令及应用 …………… 106
任务3.5　加工中心自动编程 ……………… 110
 3.5.1　加工环境 ………………………… 111
 3.5.2　加工创建 ………………………… 111
任务3.6　连接座的编程与加工 …………… 125
谆谆寄语 ……………………………………… 129
思考与练习 …………………………………… 129

项目4　宏程序应用 ……………………… 132

　任务4.1　正六边形凸台的加工 …………… 132
　　4.1.1　宏程序的应用范围 ……………… 133
　　4.1.2　宏程序编程知识 ………………… 133
　任务4.2　椭圆轴的编程与加工 …………… 142
　任务4.3　孔系零件的编程与加工 ………… 144
　任务4.4　半球体的编程与加工 …………… 146
　　谆谆寄语 ……………………………… 147
　　思考与练习 …………………………… 147

项目5　数控电火花线切割机床编程与加工 ……………………………… 149

　任务5.1　数控电火花线切割机床的认识与操作 ………………… 149
　　5.1.1　数控电火花线切割机床的认识 …… 150
　　5.1.2　数控电火花线切割机床的操作 …… 153
　任务5.2　数控电火花线切割工艺与编程 …… 157
　　5.2.1　数控电火花线切割机床加工工艺基础 …………………… 157
　　5.2.2　数控电火花线切割机床的手工编程与加工 ……………… 159
　　5.2.3　数控电火花线切割机床的自动编程与加工 ……………… 162
　　谆谆寄语 ……………………………… 164
　　思考与练习 …………………………… 165

项目6　"绿色长留"模型数控加工 …… 167

　任务6.1　底座的数控编程与加工 ………… 167
　任务6.2　支承杆的数控编程与加工 ……… 180
　任务6.3　绿叶的数控编程与加工 ………… 184
　　谆谆寄语 ……………………………… 188
　　思考与练习 …………………………… 188

参考文献 ……………………………… 190

项目 1

数控加工工艺基础

- **知识目标**
1. 熟悉数控加工工艺。
2. 能根据工艺选择刀具、量具、夹具。
- **能力目标**
1. 能设计较复杂零件的加工工艺。
2. 能根据工艺正确准备刀具、量具、夹具。
- **素质目标**
1. 培养稳扎稳打的工作作风。
2. 培养开拓创新的精神。

项目引入

要想生产出合格的零件产品，需要合理地安排加工工艺，并能根据加工工艺选择合适的刀具、夹具及量具。数控编程与加工需要工艺的支撑，加工前掌握基本的加工工艺是必备的条件。

任务 1.1 平面槽凸轮数控加工工艺设计

- **知识目标**
1. 认识毛坯类型，了解毛坯选择原则。
2. 认识数控加工工艺，掌握加工工艺的安排原则。
- **能力目标**
1. 能根据零件图合理选择毛坯类型。
2. 能分析零件图，合理安排较复杂零件的加工顺序。

任务引入

一件合格的产品从毛坯到成品，离不开工艺指导文件。合理选择毛坯类型、正确安排加工顺序，是加工合格产品的必备要求，也是提高效率、节省成本的必由之路，只有制订合理的加工工艺，才能保证加工零件的质量。本任务完成图 1-1 所示平面槽凸轮的加工。

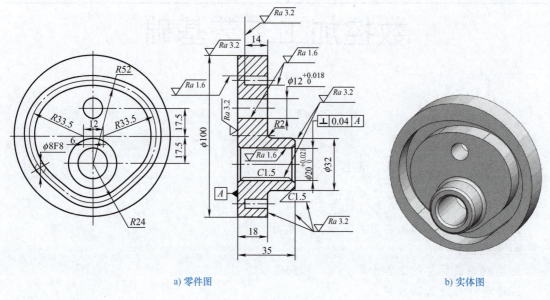

a) 零件图　　　　　　　　　　　　　　　b) 实体图

图 1-1　平面槽凸轮简图

知识准备

1.1.1　毛坯选择

机械零件的制造包括毛坯成形和切削加工两个阶段。毛坯成形不仅对后续的切削加工产生很大的影响，而且对零件乃至机械产品的质量、使用性能、生产周期和成本等都有影响。因此，正确选择毛坯的类型和成形方法对于机械制造具有重要意义。

1. 常见毛坯的类型及其特点

常见毛坯的类型及其特点见表 1-1。

表 1-1　常见毛坯的类型及其特点

类型	生成方法	特点	材料	应用范围
铸件	砂型铸件	晶粒组织粗大而疏松	灰铸铁、铸钢、铜、铝合金	适用范围广，价低
	压力铸造	晶粒细小而致密		用于精度要求和生产效率较高的场合
	熔模铸造	力学性能好，铸件可不经加工	切削困难的材料	用于加工结构形状很复杂且轮廓尺寸不大的零件
锻件	自由锻	晶粒组织细小，力学性能好	碳钢、合金钢	用于单件小批量生产
	模锻			用于大批量生产，中小型零件
	胎模锻			用于成批生产但批量不大

(续)

类型	生成方法	特点	材料	应用范围
型材	热轧	型材尺寸较大,精度较低	板材、棒材、线材等,常用截面形状有圆形、方形、六角形和特殊截面形状	用于一般的机械零件
型材	冷拉	型材尺寸较小,精度较高		主要用于毛坯精度要求较高的中小型零件
焊件	焊接	制造简单、生产周期短,可节省材料、减轻重量。但其抗振性较差,变形大,需经时效处理后才能进行机械加工	金属	用于单件小批量生产和大型零件及样机试制
冲压件	冲压	塑性好,精度高,互换性好	金属、非金属制品	用于小型机械、仪表、轻工电子产品的大批大量生产

2. 毛坯选择的原则

在选择零件毛坯时,主要考虑以下因素:

(1) 零件的材料及其力学性能　零件的材料大致确定了毛坯的种类。例如,材料为铸铁的零件就用铸件毛坯。材料为钢材的零件,当形状不复杂且力学性能要求又不高时可选用型材;当形状复杂且力学性能要求较高时可选用铸件;当力学性能要求高但形状较简单时可选用锻件。

(2) 零件的结构形状及外形尺寸　阶梯轴零件各台阶的直径相差不大时,可用棒料(型材);直径相差较大时,宜用锻件。零件尺寸较大时,一般采用自由锻;中小型零件可选用模锻。对于形状复杂的零件,毛坯常用铸造方法,尺寸大的铸件宜用砂型铸造,中小型零件可用较先进的压力铸造和特种铸造,薄壁零件则不宜用砂型铸造。

(3) 生产纲领　大批量生产时应采用精度和生产效率都较高的毛坯制造方法。这时所增加的毛坯制造费用可由减少材料的消耗费用和机械加工费用来补偿。如铸件可采用金属模或精密铸造;锻件可采用模锻、冷轧等方式。单件小批量生产则采用精度和生产效率都较低的毛坯制造方法,以降低生产成本。

(4) 生产条件　选择毛坯时必须结合本厂毛坯制造的生产条件、生产能力、对外协作的可行性。有条件时应积极组织专业化生产,以保证毛坯质量和提高经济效益。

(5) 新工艺、新技术和新材料应用　目前,毛坯制造方面的新工艺、新技术和新材料发展很快。例如,精铸、精锻、冷轧、冷挤压、粉末冶金和工程塑料等在机械制造中的应用日益广泛,其经济效益明显提高。

1.1.2 数控加工工艺制订

数控加工前需要对工件进行工艺设计,无论手工编程还是自动编程,都要对所加工的工件进行工艺分析、拟订工艺路线、设计加工程序、编制工艺文件等。因此,合理的工艺设计方案是编制加工程序的重要依据。

1. 数控加工工艺设计的主要内容

1) 分析被加工零件图样,明确加工内容及技术要求,确定零件的加工方案,制订数控加工工艺路线,如工序的划分、加工顺序的安排、与传统加工工序的衔接等。

2) 设计数控加工工序。如工步的划分、零件的定位与夹具的选择、刀具的选择、切削用量的确定等。

3）调整数控加工工序的程序。如对刀点、换刀点的选择，加工路线的确定，刀具的补偿。

4）编制数控加工工艺技术文件，如数控加工工序卡、刀具卡、程序说明卡和走刀路线图等。

2. 数控加工工艺性分析

（1）零件图的工艺性分析　零件图是工艺过程设计的依据。零件在产品中的作用、位置、装配关系、工作条件及其技术要求都对零件装配质量和使用性能有很大的影响。

1）分析零件图，了解零件的形状、结构并检查图样的完整性。

2）分析零件图上规定的尺寸及其公差、表面粗糙度、几何公差等技术要求，并审查其合理性，必要时应参阅部件、组件装配图或总装图。

3）分析零件材料及热处理。审查零件材料及热处理选用的合理性，了解零件材料加工的难易程度，初步确定热处理工序的安排。

4）确定主要加工表面和某些特殊的工艺要求，分析其可行性。

5）审核尺寸标注，明确重要尺寸，确保符合工艺基准与设计基准重合原则。

（2）零件的结构工艺性分析　零件的结构工艺性是指在满足使用性能的前提下，提高生产率、降低成本。零件结构工艺性主要考虑如下几方面：

1）零件的结构尺寸（如轴径、孔径、齿轮模数、螺纹、键槽和过渡圆角半径等）应标准化，以便采用标准刀具和通用量具，使生产成本降低。

2）零件结构形状应尽量简单和布局合理，各加工表面应尽可能分布在同一轴线或同一平面上；或者各加工表面最好相互平行或垂直，使加工和测量方便。

3）尽量减少加工表面（特别是精度高的表面）的数量和面积，合理地规定零件的精度和表面粗糙度，以利于减少切削加工工作量。

4）零件应便于安装，定位准确，夹紧可靠；有相互位置要求的表面，最好能在一次安装中加工。

5）零件应具有足够的刚度，能承受夹紧力和切削力，以便于提高切削用量，采用高速切削。

3. 加工方法的选择与加工方案的确定

（1）加工方法的选择　加工方法的选择原则是保证加工表面的加工精度和表面粗糙度的要求。在实际选择时，结合零件的形状、尺寸大小和热处理等要求全面考虑。现列出部分加工方法及其经济精度等内容供选用时参考，见表1-2～表1-4。

表1-2　外圆柱面加工方法

序号	加工方法	经济精度（公差等级）	经济表面粗糙度 $Ra/\mu m$	适用范围
1	粗车	IT11～IT13	12.5～50.0	适用于淬火钢以外的各种金属
2	粗车→半精车	IT8～IT10	3.2～6.3	
3	粗车→半精车→精车	IT7～IT8	0.8～1.6	
4	粗车→半精车→精车→滚压（或抛光）	IT7～IT8	0.025～0.200	

(续)

序号	加工方法	经济精度（公差等级）	经济表面粗糙度 $Ra/\mu m$	适用范围
5	粗车→半精车→磨削	IT7～IT8	0.4～0.8	主要用于淬火钢，也可用于未淬火钢，但不宜加工有色金属
6	粗车→半精车→粗磨→精磨	IT6～IT7	0.1～0.4	
7	粗车→半精车→精车→精细车（金刚车）	IT6～IT7	0.025～0.400	用于加工要求较高的有色金属

表 1-3　孔加工方法

序号	加工方法	经济精度（公差等级）	经济表面粗糙度 $Ra/\mu m$	适用范围
1	钻	IT11～IT13	12.5	加工未淬火钢及铸铁的实心毛坯，可用于加工有色金属。孔径小于15mm
2	钻→铰	IT8～IT10	1.6～6.3	
3	钻→粗铰→精铰	IT7～IT8	0.8～1.6	
4	钻→扩	IT10～IT11	6.3～12.5	加工未淬火钢及铸铁的实心毛坯，可用于加工有色金属。孔径大于15mm
5	钻→扩→铰	IT8～IT9	1.6～3.2	
6	钻→扩→粗铰→精铰	IT7	0.8～1.6	
7	钻→扩→机铰→手铰	IT6～IT7	0.2～0.4	
8	钻→扩→拉	IT7～IT9	0.1～1.6	大批量生产，精度取决于拉刀的精度
9	粗镗（或扩孔）	IT11～IT13	6.3～12.5	除淬火钢外各种材料，毛坯有铸出孔或锻出孔
10	粗镗（粗扩）→半精镗（精扩）	IT9～IT10	1.6～3.2	
11	粗镗（粗扩）→半精镗（精扩）→精镗（铰）	IT7～IT8	0.8～1.6	
12	粗镗（粗扩）→半精镗（精扩）→精镗→浮动镗刀精镗	IT6～IT7	0.4～0.8	
13	粗镗（扩）→半精镗→磨孔	IT7～IT8	0.2～0.8	主要用于淬火钢，也可用于未淬火钢，但不宜用于有色金属
14	粗镗（扩）→半精镗→粗磨孔→精磨孔	IT6～IT7	0.1～0.2	
15	粗镗→半精镗→精镗→精细镗（金刚镗）	IT6～IT7	0.05～0.40	用于加工要求较高的有色金属

表 1-4　平面加工方法

序号	加工方法	经济精度（公差等级）	经济表面粗糙度 $Ra/\mu m$	适用范围
1	粗车	IT11～IT13	12.5～50.0	端面、外圆
2	粗车→半精车	IT8～IT10	3.2～6.3	
3	粗车→半精车→精车	IT7～IT8	0.8～1.6	
4	粗车→半精车→磨削	IT6～IT8	0.2～0.8	
5	粗铣	IT11～IT13	6.3～25.0	一般不淬硬平面（端铣表面粗糙度值较小）
6	粗铣→精铣	IT8～IT10	1.6～6.3	

(续)

序号	加工方法	经济精度（公差等级）	经济表面粗糙度 $Ra/\mu m$	适用范围
7	粗铣→精铣→刮研	IT6～IT7	0.1～0.8	精度要求较高的不淬硬平面，批量较大时宜采用宽刃精刨
8	粗铣→精铣→宽刃精刨	IT7	0.2～0.8	
9	粗铣→精铣→磨削	IT7	0.2～0.8	精度要求较高的淬硬平面或不淬硬平面
10	粗铣→精铣→粗磨→精磨	IT6～IT7	0.025～0.4	
11	粗铣→拉削	IT7～IT9	0.2～0.8	大量生产，较小的平面，精度视拉刀精度而定

（2）加工方案的确定 零件上比较精确表面的加工，应正确地从毛坯、粗加工、半精加工和精加工等，逐步形成加工方案。确定加工方案时，首先应根据主要表面的精度和表面粗糙度的要求，初步确定达到要求所需要的加工方法。例如，孔径不大的公差带代号为H13～H7孔的加工参考方式见表1-5。

表1-5 公差带代号为H13～H7孔的加工参考方式（孔长度≤直径的5倍）

孔的公差带代号	孔的毛坯性质	
	在实体材料上加工的孔	预先铸出或热冲出的孔
H13、H12	一次钻孔	用扩孔钻钻孔或镗刀镗孔
H11	孔径≤10mm：一次钻孔 孔径>10～30mm：钻孔→扩孔 孔径>30～80mm：钻孔→扩孔或钻孔→扩孔→镗孔	孔径≤80mm：粗扩、精扩或单用镗刀粗镗→精镗或根据余量一次镗孔或扩孔
H10、H9	孔径≤10mm：钻孔→铰孔 孔径>10～30mm：钻孔→扩孔→铰孔 孔径>30～80mm：钻孔→扩孔→铰孔或钻孔→镗孔→铰（或镗）孔	孔径≤80mm：用镗刀粗镗（一次或二次，根据余量而定）→铰孔（或精镗）
H8、H7	孔径≤10mm：钻孔→扩孔→铰孔 孔径>10～30mm：钻孔→扩孔→一次或两次铰孔 孔径>30～80mm：钻孔→扩孔（或用镗刀分几次粗镗）→一次或两次铰孔（或精镗）	孔径≤80mm：用镗刀粗镗（一次或二次，根据余量而定）→半精镗→精镗或精铰

4. 工序与工步的划分

（1）工序的划分 工序是指一个（或一组）工人，在一个工作地点（如一台设备）对一个（或同时对一批）工件连续完成的加工过程，称为一道工序。划分工序的主要依据是零件加工过程中工作地点（设备）是否变动，该工序的工艺过程是否连续完成。加工工序可以按照以下三种方式划分。

1）按零件装夹定位方式划分工序。由于每个零件结构形状不同，各表面的技术要求也有所不同，故加工时，其定位方式各有差异。在工序安排上一般先进行内形内腔加工，后进行外形加工。

2）按粗、精加工分开方式划分工序。根据零件的加工精度、刚度和变形等因素来划分工序时，可按粗、精加工分开的原则来划分工序，即先进行粗加工再进行精加工。

如图1-2所示，车削回转体零件分两道工序：第一道工序进行粗加工，切除零件的大部分余量；第二道工序进行精加工，以保证加工精度和表面粗糙度的要求。

3）按所用刀具集中方式划分工序。为了减少换刀次数和空行程时间，减少不必要的定位误差，可按刀具集中的方法加工零件，即在一次装夹中，尽可能用同一把刀具加工出可能加工的所有部位，然后换另一把刀加工其他部位。但在工序安排上一般先进行面加工，后进行孔加工。

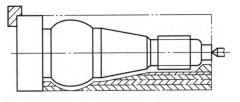

图 1-2　车削加工的回转体零件

（2）工步的划分　工步是指在加工表面（或装配时的连接面）和加工（或装配）工具不变的情况下，所连续完成的那一部分工序内容。工步的划分应该遵循以下几个原则。

1）先粗后精的原则。同一表面按粗加工、半精加工、精加工依次完成，或全部加工表面按先粗后精加工分开进行。

2）先面后孔的原则。对于既有铣面又有镗孔的零件，可先铣面后镗孔。按此方法划分工步，可以提高孔的加工精度。

3）刀具集中的原则。某些机床工作台回转时间比换刀时间短，可采用按刀具集中原则划分工步，以减少换刀次数，提高加工效率。

总之，工序与工步之间的划分要根据零件的结构特点、技术要求等情况综合考虑。

5. 切削用量的确定

切削用量包括主轴转速（切削速度）、背吃刀量和进给量。对于不同的加工方法，需要选择不同的切削用量。

合理选择切削用量的原则是，粗加工时，一般以提高生产率为主，但也应考虑经济性和加工成本，通常选择较大的背吃刀量和进给量，采用较低的切削速度；半精加工和精加工时，应在保证加工质量的前提下，兼顾切削效率、经济性和加工成本，通常选择较小的背吃刀量和进给量，并选用切削性能高的刀具材料和合理的几何参数，以尽可能提高切削速度。具体数值应根据机床说明书、切削用量手册并结合经验而定。

（1）背吃刀量 a_p（mm）　背吃刀量主要根据机床、夹具、刀具和工件的刚度来决定。在刚度允许的情况下，应以最少的进给次数切除加工余量，最好一次切除余量，以便提高生产效率。精加工时，则应着重考虑如何保证加工质量，并在此基础上尽量提高生产率。在数控机床上，精加工余量可小于普通机床，一般取 0.2～0.5mm。

（2）主轴转速 n（r/min）　主轴转速主要根据允许的切削速度 v_c（m/min）选取，其计算公式为

$$n=\frac{1000v_c}{\pi D}$$

式中，v_c 为切削速度（m/min），由刀具寿命决定；D 为工件或刀具直径（mm）。

主轴转速 n 要根据计算值在机床说明书中选取标准值，并填入程序单中。

（3）进给速度 f（mm/min）　进给速度是数控机床切削用量中的重要参数，主要根据零件的加工精度和表面粗糙度要求以及刀具、工件材料性质选取。最大进给量则受机床刚度和进给系统的性能限制，并与脉冲当量有关。

当加工精度、表面粗糙度要求高时，进给速度应选小些，一般在 20～50mm/min 范

围内选取。粗加工时,为缩短切削时间,一般进给量选取得大些。工件材料较软时,可选用较大的进给量;反之,应选较小的进给量。

切削用量对刀具寿命的影响程度,由大到小影响次序是:v_c、f、a_p。硬质合金刀具切削用量和常用切削用量推荐值见表1-6和表1-7。

表1-6 硬质合金刀具切削用量推荐值

工件材料	粗加工			精加工		
	切削速度/(m/min)	进给量/(mm/r)	背吃刀量/mm	切削速度/(m/min)	进给量/(mm/r)	背吃刀量/mm
碳钢	220	0.2	3	260	0.1	0.4
低合金钢	180	0.2	3	220	0.1	0.4
高合金钢	120	0.2	3	160	0.1	0.4
铸铁	80	0.2	3	140	0.1	0.4
不锈钢	80	0.2	2	120	0.1	0.4
钛合金	40	0.3	1.5	60	0.1	0.4
灰铸铁	120	0.3	2	150	0.15	0.5
球墨铸铁	100	0.2	2	120	0.15	0.5
铝合金	1600	0.2	1.5	1600	0.1	0.5

表1-7 常用切削用量推荐值

工件材料	加工内容	背吃刀量/mm	切削速度/(m/min)	进给量/(mm/r)	刀具材料
碳素钢 抗拉强度>600MPa	粗加工	5~7	60~80	0.2~0.4	P类硬质合金
	粗加工	2~3	80~120	0.2~0.4	
	精加工	2~6	120~150	0.1~0.2	
	钻中心孔	—	500~800r/min	—	W18Cr4V
	钻孔	—	25~30	0.1~0.2	
	切断(宽度<5mm)	—	70~110	0.1~0.2	P类硬质合金
铸铁 布氏硬度<200HBW	粗加工	—	50~70	0.2~0.4	K类硬质合金
	精加工	—	70~110	0.1~0.2	
	切断(宽度<5mm)	—	50~70	0.1~0.2	

6. 刀具走刀路线的确定

走刀路线是指数控加工过程中刀具(即刀位点)相对于被加工工件的运动轨迹。确定走刀路线的原则如下:

1)保证被加工工件的精度和表面质量。

① 最终轮廓一次走刀完成。为保证工件轮廓表面加工后的表面粗糙度要求,最终轮廓应安排在最后一次走刀中连续加工出来。如图1-3所示,在铣削型腔时,图1-3a所示的行切法走刀路线能切除内腔中的全部余量,不留死角,不伤轮廓。但行切法将在两次走刀的起点和终点间留下残留高度,而达不到要求的表面粗糙度,所以采用图1-3b所示

的走刀路线，先用行切法，最后沿周向环切一刀，光整轮廓表面，能获得较好的效果。图 1-3c 所示环切法的走刀路线在型腔及平面的加工中也是一种较好的走刀路线方式。

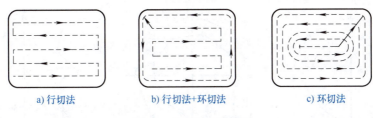

a) 行切法　　　　b) 行切法+环切法　　　　c) 环切法

图 1-3　型腔的走刀路线

② 合理选择切入、切出方向。铣削平面零件外轮廓时，一般采用立铣刀侧刃切削。刀具切入工件时，应避免沿零件轮廓的法线方向切入，而应沿外廓曲线延长线方向切入，如图 1-4a 所示。铣削封闭的内轮廓表面时，若内轮廓曲线允许外延，则应沿切线方向切入、切出。若内轮廓曲线不允许外延，刀具只能沿内轮廓曲线的法向切入、切出，此时刀具的切入、切出点应尽量选在内轮廓曲线两几何元素的交点处，如图 1-4b 所示。

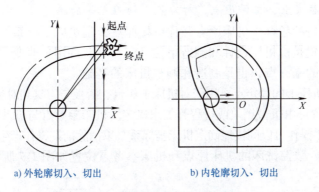

a) 外轮廓切入、切出　　　　b) 内轮廓切入、切出

图 1-4　刀具切入和切出时的外延

如图 1-5a 所示，切削外圆凸台时，使用与圆相切的切入、切出直线段；如图 1-6b 所示，铣削内圆轮廓时采用过渡相切圆弧切入、切出。

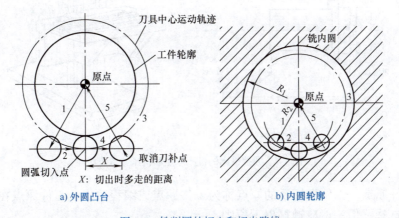

a) 外圆凸台　　　　b) 内圆轮廓

图 1-5　铣削圆的切入和切出路线

2）尽量缩短走刀路线，以减少刀具的空行程，提高生产率。如图1-6所示，圆周均布孔的加工路线采用图1-6c所示的走刀路线比图1-6b所示的走刀路线可节省定位时间。

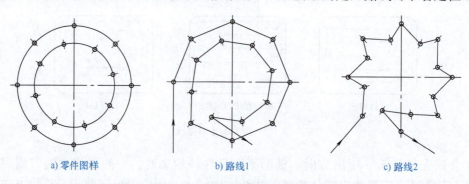

图1-6 圆周均布孔的加工路线

3）应使数值计算简单，程序段少，以减少编程工作量。

在实际应用中，往往要根据具体的加工情况灵活应用以上原则选择合适的走刀路线。

7. 机床原点、参考点、工件原点、对刀点、换刀点等的确定

（1）机床原点与参考点 机床原点又称机械原点，是机床坐标系的原点。该点是机床上的固定点，其位置是由机床设计和制造单位确定，不允许用户改变。机床原点是工件坐标系、机床参考点的基准点，也是制造和调整机床的基础。

机床参考点是机床上的固定点，用于对机床工作台、滑板与刀具相对运动的测量系统进行标定和控制。其位置可由机械挡块或行程开关来确定。机床参考点与机械原点重合或者相对。机床开机后通过回零操作可以间接地确定机床坐标系，以消除前期操作产生中的基准偏差。

一般数控车床、数控铣床的机床原点和机床参考点位置如图1-7所示。

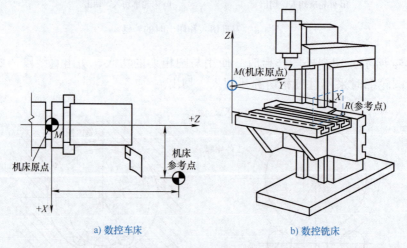

图1-7 数控机床的机床原点和机床参考点

（2）工件原点 工件坐标系的原点称为工件原点或编程原点。工件原点在工件上的位置虽可任意选择，但一般应遵循以下原则：

1）工件原点选在工件图样的设计基准或工艺基准上，即满足基准重合原则。

2）工件原点尽量选在尺寸精度高、表面粗糙度值小的工件表面上。

3）工件原点要便于测量和检验。

数控车床上加工工件时，工件原点一般设在主轴中心线与工件右端面（或左端面）的交点处，如图1-8a所示。数控铣床上加工工件时，工件原点一般设在进刀方向一侧工件外轮廓表面的某个角上或对称中心上，如图1-8b所示。

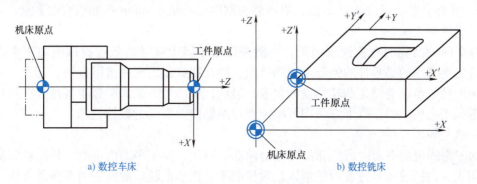

a) 数控车床   b) 数控铣床

图1-8　工件原点设置

（3）对刀点与换刀点　所谓对刀是确定工件在机床上的位置，即确定工件坐标系原点与机床坐标系原点的相互位置关系。通常以工件原点作为对刀点，通过找正刀具与工件原点的位置来实现对刀。对刀时直接或间接地使对刀点与刀位点重合。所谓刀位点，是指编制数控加工程序时用以确定刀具位置的基准点。例如，平头立铣刀、面铣刀类刀具，刀位点取为刀具轴线与刀具底端面的交点；球头铣刀的刀位点为球心；车刀、镗刀类刀具，刀位点为刀尖；钻头的刀位点则取为钻尖等。刀位点如图1-9所示。

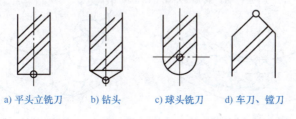

a) 平头立铣刀　b) 钻头　c) 球头铣刀　d) 车刀、镗刀

图1-9　刀位点

对数控车床、加工中心等数控机床，如果加工过程中要换刀，在编程时应考虑选择合适的换刀位置。为了防止换刀时刀具碰伤工件，换刀点必须远离零件。

任务实施

如图1-1所示的平面槽凸轮，根据数控加工工艺设计原则编写零件加工工艺，并填写工艺文件。

1. 零件图工艺分析

1）零件材料为HT200，毛坯为铸件，技术要求中未见热处理要求。

2）加工表面由圆弧、直线、过渡圆弧组成。

3）尺寸精度：ϕ20mm、ϕ12mm 孔表面尺寸精度最高，尺寸公差等级为 IT7；其余外圆表面与长度尺寸未注公差，根据技术要求未注长度尺寸公差等级按 IT10 加工。

4）表面粗糙度：凸轮槽侧面与 ϕ20mm、ϕ12mm 两个内孔表面粗糙度要求较高，为 Ra1.6μm；其余表面的表面粗糙度为 Ra3.2μm。

5）几何公差：以底面 A 定位，提高装夹刚度以满足 ϕ20mm 孔的垂直度要求。

2. 选择加工设备

对平面槽凸轮的数控铣削加工，一般采用两轴以上联动的数控铣床或加工中心。因此，首先要考虑的是零件的外形尺寸和重量，使其在铣床的允许范围以内；其次，考虑数控铣床的精度是否能满足凸轮的设计要求；最后，看凸轮的最大圆弧半径是否在数控系统允许的范围之内。根据以上三条即可确定使用两轴以上联动的数控铣床。

3. 确定加工路线

加工路线包括平面内进给和深度进给两部分路线。对于平面内进给，外凸轮廓从切线方向切入，内凹轮廓从过渡圆弧切入。对铣削平面槽形凸轮，深度进给有两种方法：一种方法是在 XZ（或 YZ）平面内来回铣削逐渐进刀到既定深度；另一种方法是先钻一个工艺孔，然后从工艺孔进刀到既定深度。

为保证凸轮的工作表面有较好的表面质量，采用顺铣方式，如图 1-10 所示，铣刀在水平面内的切入加工路线。

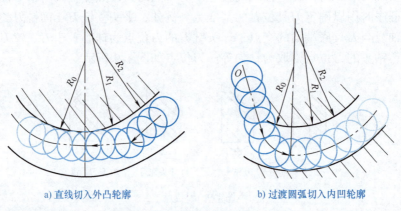

a) 直线切入外凸轮廓 b) 过渡圆弧切入内凹轮廓

图 1-10 平面槽凸轮的切入加工路线

4. 切削用量的选取

通常，为提高切削效率，要尽量选用大直径的铣刀；侧吃刀量取刀具直径的 1/3～1/2，背吃刀量应大于冷硬层厚度；切削速度和进给速度应通过试验选取效率和刀具寿命的综合最佳值。精铣时切削速度应提高一些。

凸轮槽内、外轮廓加工时留 0.1mm 精铣余量，精铣 ϕ20mm、ϕ12mm 两个孔时留 0.1mm 铣削余量。选择主轴转速与进给速度时，先查切削用量手册，确定切削速度与每齿进给量，然后确定进给速度和主轴转速。

5. 数控加工工序

待加工部位由于装夹变动，分两道工序完成孔和槽的加工。工序内容见表 1-8 和表 1-9。

项目 1　数控加工工艺基础

表 1-8　ϕ20mm、ϕ12mm 孔加工工序简卡

工序号	程序编号	夹具名称		使用设备		车间	
001	O001	螺旋压板					
工步号	工步内容	刀具号	刀具规格	主轴转速/(r/min)	进给速度/(mm/min)	背吃刀量/mm	备注
1	A 面定位钻 ϕ5mm 中心孔	T01	ϕ5mm	755	40		
2	钻 ϕ19.6mm 孔	T02	ϕ19.6mm	402	40		
3	钻 ϕ11.6mm 孔	T06	ϕ11.6mm	402	20		
4	铰 ϕ20mm 孔	T04	ϕ20mm	160	20	0.2	
5	铰 ϕ12mm 孔	T05	ϕ20mm	160	20	0.2	
6	ϕ20mm 孔倒角 C1.5	T06	90°	402	40		

表 1-9　槽加工工序简卡

工序号	程序编号	夹具名称		使用设备		车间	
002	O002	专用夹具					
工步号	工步内容	刀具号	刀具规格	主轴转速/(r/min)	进给速度/(mm/min)	背吃刀量/mm	备注
1	一面两孔定位，粗铣凸轮槽内轮廓	T07	ϕ6mm	1100	40	4	
2	粗铣凸轮槽外轮廓	T07	ϕ6mm	1100	20	4	
3	精铣凸轮槽内轮廓	T08	ϕ6mm	1495	20	14	
4	精铣凸轮槽外轮廓	T08	ϕ6mm	1495	20	14	

任务 1.2　平面槽凸轮加工时夹具、刀具、量具的选择

- 知识目标
1. 认识夹具的作用。
2. 了解夹具的选择原则。
- 能力目标
1. 能根据零件的工艺方案合理选用刀具。
2. 能根据零件的工艺方案合理选用量具。
3. 能根据零件的工艺方案合理选用夹具。

任务引入

为了充分发挥数控机床的高速度、高精度、高效率等特点，在数控加工中，还应有与加工工艺正确实施相适应的夹具、刀具和量具。本任务是加工图1-1所示零件，根据加工工艺合理选择加工刀具、量具和夹具。

知识准备

1.2.1 夹具选择

工件装夹是将工件在机床上或夹具中定位、夹紧的过程。

1. 定位安装的基本原则

在数控机床上加工零件时，定位安装的基本原则与普通机床相同，要合理选择定位基准和夹紧方案。为了提高数控机床的效率，在确定定位基准与夹紧方案时应注意以下四点。

1）力求设计、工艺与编程计算的基准统一。
2）尽量减少装夹次数，尽可能在一次定位装夹后加工出全部待加工面。
3）避免采用占机人工调试加工方案，以充分发挥数控机床的效能。
4）夹紧力的作用点应落在工件刚性较好的部位。

2. 选择夹具的基本原则

数控加工根据其特点对夹具提出了两个基本要求：一是要保证夹具的坐标方向与机床的坐标方向相对固定；二是要协调零件和机床坐标系的尺寸关系。其次，还要考虑以下三点。

（1）准备时间短　当零件批量不大时，应尽量采用通用夹具，以缩短生产准备时间、节省生产费用。

（2）装卸零件方便　由于数控机床的加工效率高，装夹工件的辅助时间对加工效率影响较大，所以要求数控机床夹具在使用中装卸要快捷且方便，以缩短辅助时间。另外，应尽量采用气动、液压夹具。

（3）便于自动化加工　夹具上各零部件应不妨碍机床对零件各表面的加工，即夹具要开敞，其定位、夹紧机构元件不能影响加工中的进给（如产生碰撞等）。

3. 夹具分类

（1）数控车床常用通用夹具　数控车床通用夹具主要是指自定心卡盘、单动卡盘、顶尖和在大批量生产中使用的液压、电动及气动夹具等。数控车床常用通用夹具功能及应用见表1-10。

表 1-10 数控车床常用通用夹具功能及应用

序号	名称	简图或实物	功能及应用
1	自定心卡盘	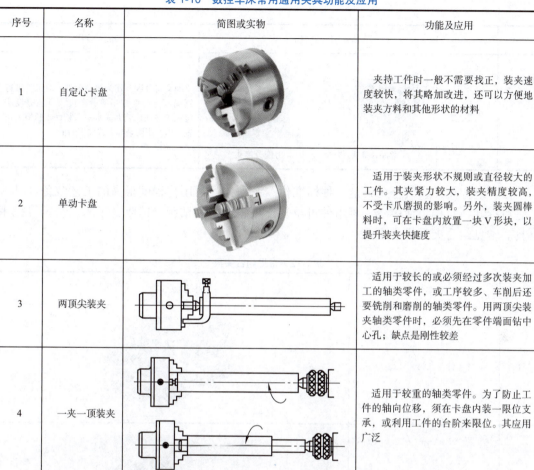	夹持工件时一般不需要找正，装夹速度较快，将其略加改进，还可以方便地装夹方料和其他形状的材料
2	单动卡盘		适用于装夹形状不规则或直径较大的工件。其夹紧力较大，装夹精度较高，不受卡爪磨损的影响。另外，装夹圆棒料时，可在卡盘内放置一块 V 形块，以提升装夹快捷度
3	两顶尖装夹		适用于较长的或必须经过多次装夹加工的轴类零件，或工序较多、车削后还要铣削和磨削的轴类零件。用两顶尖装夹轴类零件时，必须先在零件端面钻中心孔；缺点是刚性较差
4	一夹一顶装夹		适用于较重的轴类零件。为了防止工件的轴向位移，须在卡盘内装一限位支承，或利用工件的台阶来限位。其应用广泛

（2）数控铣床常用通用夹具　数控铣床常用通用夹具有机用虎钳、压板、万能分度头等，其功能及应用见表 1-11。

表 1-11 数控铣床常用通用夹具功能及应用

序号	名称	简图或实物	功能及应用
1	机用虎钳		工件在机用虎钳上装夹时应注意：装夹毛坯面或表面有硬皮时，钳口应加垫铜皮或铜钳口；选择高度适当、宽度稍小于工件的垫铁，使工件的余量层高出钳口
2	压板		对中型、大型和形状比较复杂的零件，一般采用压板将工件紧固在工作台台面上

（续）

序号	名称	简图或实物	功能及应用
3	分度头	 数控分度头 　　万能分度头	通常将分度头作为机床附件，对工件进行圆周等分分度或不等分分度。万能分度头可把工件轴线装夹成水平、竖直或倾斜的位置，以便用两坐标方式加工斜面

（3）组合夹具　组合夹具是一种标准化、系列化、通用化程度很高的工艺装备。其特点是可拆卸，机构灵活多变，零组件可重复使用，可拼装钻床、镗床、车床、铣床等机床夹具。常见组合夹具见表1-12。

表1-12　常见组合夹具

序号	名称	简图或实物
1	箱体零件镗孔组合夹具	
2	带回转分度的组合夹具	
3	孔系组合夹具	
4	槽系组合夹具	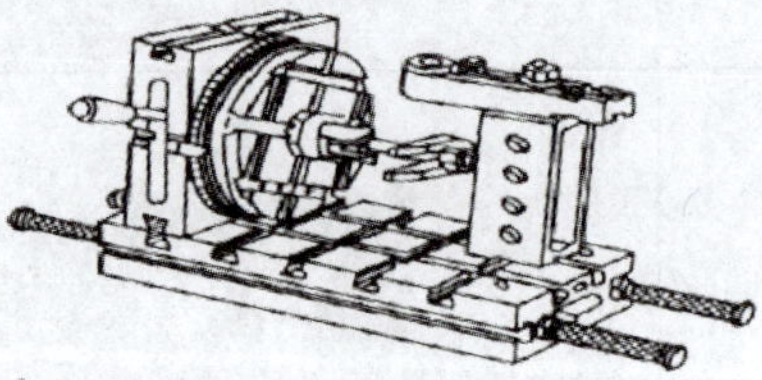

（4）专用夹具　专用夹具是指专为某一工件的某道工序的加工而设计制造的夹具。专用夹具一般在一定批量的生产中应用。例如，套筒上有一 ϕD 的孔加工，如图1-11a所示，批量生产时，采用专用夹具来提高加工效率，如图1-11b所示。

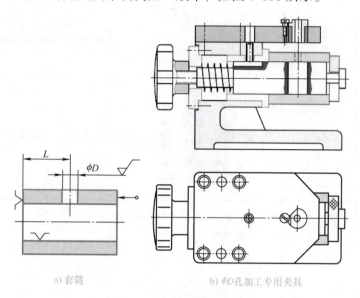

a) 套筒　　　　b) ϕD 孔加工专用夹具

图1-11　专用夹具案例

1.2.2　常用刀具、量具选择

1. 常用数控车削刀具

车削刀具类型很多，可用于加工外圆、内孔、槽等结构。常用数控车削刀具见表1-13。

表1-13　常用数控车削刀具

分类	序号	名称	简图或实物	功能及应用
按用途分类	1	外圆车刀		用于粗车或精车外回转表面（圆柱面或圆锥面），常用主偏角有：90°（左），用于半精加工或精加工；93°（中）、75°（右）用于粗加工；等等
	2	端面车刀		用于车削垂直于轴线的平面。一般端面车刀都从外缘向中心进给。常采用主偏角为45°和75°的车刀
	3	内孔车刀		用于车削通孔、盲孔、凹槽、内螺纹和倒角，内孔车刀的工作条件较外圆车刀差

(续)

分类	序号	名称	简图或实物	功能及应用
按用途分类	4	切断刀		用于从棒料上切下已加工好的零件,或切断较小直径的棒料,也可以切窄槽
	5	端面槽刀		主要用于端面槽的加工
按刀尖形状分类	1	尖形车刀		以直线形切削刃为特征,主要有端面车刀、切断刀、90°内外圆车刀等。主要用于车削内外轮廓、直线沟槽等直线形表面
	2	圆弧形车刀		主切削刃形状为一段圆度误差或线轮廓度误差很小的圆弧。用于加工有光滑连接的成形表面及精度、表面质量要求高的表面
按车刀结构分类	1	整体式车刀		通常用于小型车刀、螺纹车刀和形状复杂的成形车刀。具有抗弯强度高、冲击韧度好、制造简单和刃磨方便、刃口锋利等优点
	2	焊接式车刀		将硬质合金刀片用焊接的方法固定在刀杆上的一种车刀。焊接式车刀切削刃结构简单,制造方便,刚性较好,但抗弯强度低、冲击韧度差,切削刃不如高速钢车刀锋利,不易制作复杂刀具
	3	机械夹固式车刀		将标准的硬质合金可换刀片通过机械夹固方式安装在刀杆上的一种车刀,在数控车床上使用广泛

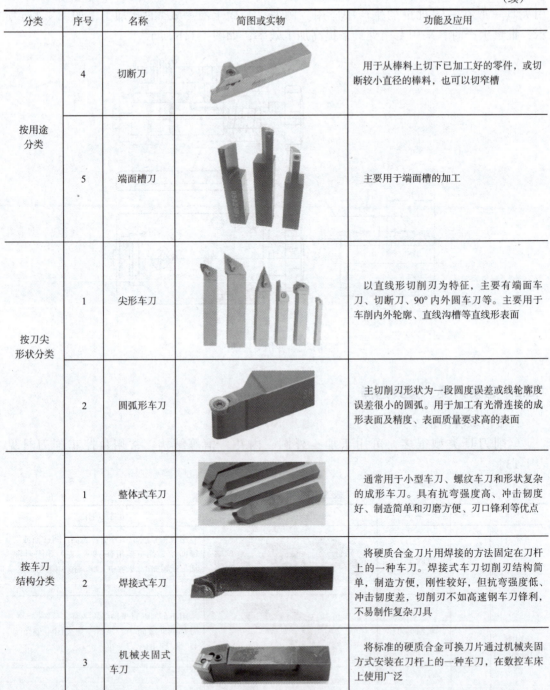

2. 常用数控铣削刀具

铣削刀具类型多,可用于加工平面、曲面、槽等。常用数控铣削刀具的功能及应用见表1-14。

表 1-14　常用数控铣削刀具的功能及应用

序号	名称	简图或实物	功能及应用
1	面铣刀		面铣刀圆周表面和端面上都有切削刃，端部切削刃为副切削刃。面铣刀直径一般为 450～500mm，故常制成套式镶齿结构，刀齿为高速钢或硬质合金，刀体采用 40Cr 制作，可长期使用
2	立铣刀		立铣刀一般由 3 个或 4 个刀齿组成，主轴中圆柱上的切削刃是主切削刃，端面上分布着副切削刃，工作时只能沿刀具的径向进给，而不能沿铣刀的轴线方向做进给运动，用于加工平面、台阶、槽和相互垂直的平面
3	模具铣刀		模具铣刀由立铣刀发展而成，分为圆锥形立铣刀、圆柱形球头立铣刀和圆锥形球头立铣刀三种。其结构特点是球头或端面上都布满切削刃，圆周刃与球头刃圆弧连接，可以做径向和轴向进给
4	键槽铣刀		键槽铣刀有两个刀齿，圆柱面和端面都有切削刃，端面刃延至中心，可以做短距离的轴向进给，既像立铣刀，又类似钻头。加工时先轴向进给达到槽深，然后沿键槽方向铣出键槽全长

3. 常用孔加工刀具

孔结构有光孔、螺纹孔、通孔、盲孔、台阶孔等。常用数控孔加工刀具的功能及应用见表 1-15。

表 1-15　常用数控孔加工刀具的功能及应用

序号	名称	简图或实物	功能及应用
1	麻花钻		麻花钻是孔加工刀具中应用最为广泛的刀具，特别适合于直径小于 30mm 的孔的粗加工，直径大一点的也可用于扩孔
2	中心钻		中心钻主要用于加工轴类零件的中心孔，钻孔前，先打中心孔，有利于钻头的导向，防止孔的偏斜
3	铰刀		铰刀是孔的精加工刀具，也可用于高精度孔的半精加工。其加工范围一般为中小孔

(续)

序号	名称	简图或实物	功能及应用
4	镗刀	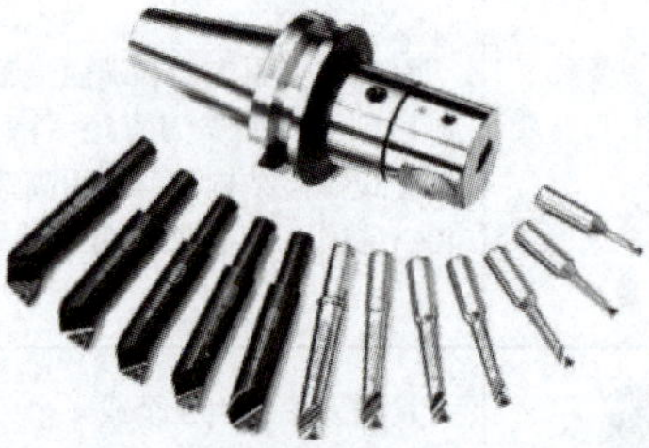	镗刀是一种很常见的扩孔用刀具。镗孔的加工精度可达IT8～IT6，加工表面粗糙度 Ra 可达 6.3～0.8μm，常用于较大直径的孔的粗加工、半精加工和精加工
5	锪钻	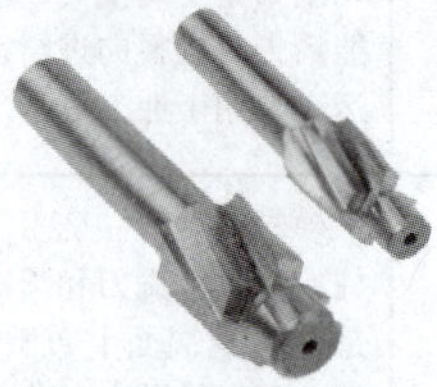	锪钻用于在孔的端面上加工圆柱形沉头孔、锥形沉头孔或凸台表面。锪钻上的定位导向柱是用来保证被锪的孔或端面与原来的孔有一定的同轴度和垂直度的
6	扩孔钻	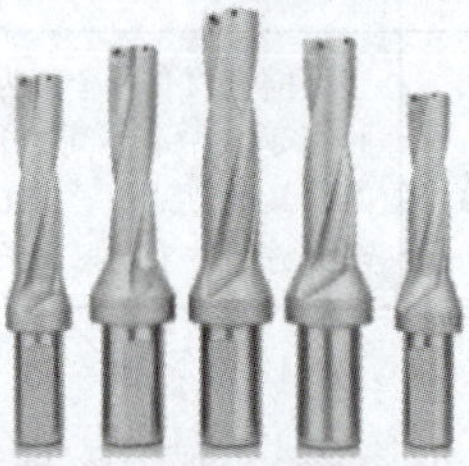	扩孔钻通常用于铰孔或磨孔前的预加工或毛坯孔的扩大，其外形与麻花钻相类似。扩孔时可采用较大的切削用量，而其加工质量却比麻花钻好。一般加工精度可达IT10～IT1，表面粗糙度 Ra 可达6.3～3.2μm

4. 常用螺纹加工刀具

螺纹有外螺纹和内螺纹。常用螺纹加工刀具的功能及应用见表1-16。

表1-16 常用螺纹加工刀具的功能及应用

序号	名称	简图或实物	功能及应用
1	螺纹车刀	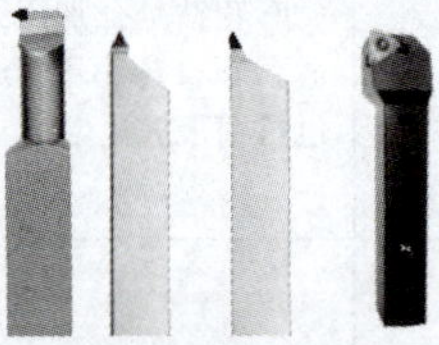	焊接式硬质合金车刀常用于小工厂或单件零件的加工；硬质合金单刃机夹式螺纹车刀、硬质合金机夹可转位式螺纹车刀常用于车削各类不同的内外螺纹
2	螺纹铣刀	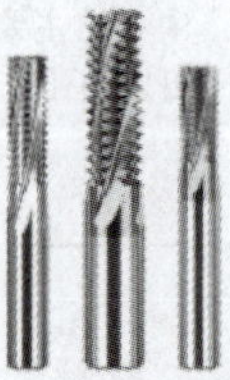	螺纹铣刀是用铣削方式加工内、外螺纹的刀具。加工效率高、加工表面质量及尺寸精度高、稳定性好、安全可靠、应用范围广
3	丝锥	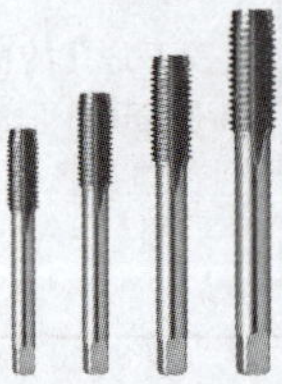	一般用于碳素钢、合金钢及非铁金属加工。其特点是通用性最强，通孔或不通孔、有色金属或黑色金属均可加工

5. 常用量具

零件加工中，需要量具测量尺寸来控制零件质量。常用量具的功能及应用见表 1-17。

表 1-17 常用量具的功能及应用

序号	名称	简图或实物	功能及应用
1	游标卡尺		一种比较精密的通用量具，可以直接测量工件的内径、外径、宽度、长度、厚度、深度及中心距等
2	螺旋测微器		又称千分尺，是比游标尺寸更精密的测量长度的工具，用它测长度可以精确到 0.01mm
3	数字外径百分尺		用数字表示读数，使用更为方便。在固定套筒上刻有游标，利用游标可读出 0.002mm 或 0.001mm 的读数值
4	百分表磁力座		主要用于测量制件尺寸和形状、位置误差等。在夹具、工件找正、对刀等中都有使用，通过磁力座固定
5	内测千分尺		内测千分尺是测量小尺寸内径和内侧面槽的宽度。其特点是容易找正内孔直径，测量方便
6	游标深度卡尺		用于测量零件的深度尺寸、台阶高低和槽的深度
7	塞规	光面塞尺 螺纹塞尺	用于测量孔径，其长度较短的一端称为止端，用于控制工件的上极限尺寸；其长度较长的一端称为通端，用于控制工件的下极限尺寸。常见塞规有：光面塞规，用于光孔的检测；螺纹塞规，用于螺纹孔的检测
8	螺纹环规		用于外螺纹的测量。T 代表通过，Z 代表不通过，成对使用

(续)

序号	名称	简图或实物	功能及应用
9	半径样板		利用光隙法测量圆弧半径
10	表面粗糙度仪		应用于各种金属与非金属的加工表面的检测
11	游标高度卡尺		游标高度卡尺用于测量零件的高度和精密划线。在测量高度时,量爪测量面的高度就是被测量零件的高度尺寸

任务实施

如图 1-1 所示的平面槽凸轮,根据任务 1.1 中的工艺方案,确定 $\phi20mm$、$\phi12mm$ 孔和 14mm 深的槽的工装。

1. 确定装夹方案

该零件加工部位有两个部位,$\phi20mm$、$\phi12mm$ 孔和 14mm 深的槽,加工时不能采用同一种装夹方案完成加工,否则无法保证垂直度的要求。待加工部件装夹方案见表 1-18。

表 1-18 待加工部位装夹方案

加工部位	夹具名称
加工 $\phi20mm$、$\phi12mm$ 两个孔	螺旋压板
凸轮槽内、外轮廓	"一面两销"专用夹具 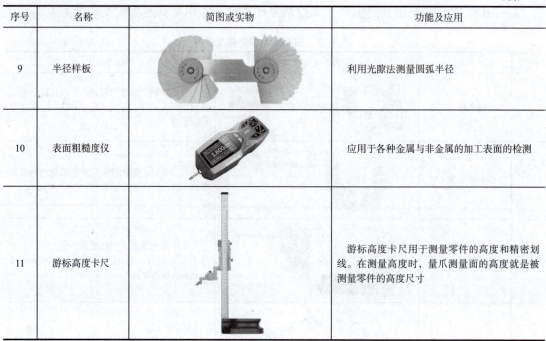 1—开口垫圈 2—带螺纹圆柱销 3—压紧螺母 4—带螺纹削边销 5—垫圈 6—工件 7—垫块

2. 刀具选择

根据零件的结构特点，铣削凸轮槽内、外轮廓（即凸轮槽两侧面）时，铣刀直径受槽宽限制，同时考虑铸铁属于一般材料，加工性能较好，取为 $\phi 6mm$。粗加工选用 $\phi 6mm$ 高速钢立铣刀，精加工选用 $\phi 6mm$ 硬质合金立铣刀。根据加工工艺选择刀具，刀具清单见表 1-19。

表 1-19　刀具清单

序号	刀具号	刀具规格及名称	数量	刀长/mm	加工表面	备注
1	T01	$\phi 5mm$ 中心钻	1	—	钻 $\phi 5mm$ 中心孔	
2	T02	$\phi 19.6mm$ 钻头	1	45	$\phi 20mm$ 孔粗加工	
3	T03	$\phi 11.6mm$ 钻头	1	60	$\phi 12mm$ 孔粗加工	
4	T04	$\phi 20mm$ 铰刀	1	45	$\phi 20mm$ 孔精加工	
5	T05	$\phi 12mm$ 铰刀	1	60	$\phi 12mm$ 孔精加工	
6	T06	90° 倒角铣刀	1	—	$\phi 20mm$ 孔倒角 C1.5	
7	T07	$\phi 6mm$ 高速钢立铣刀	1	20	粗加工凸轮槽内外轮廓	槽底圆角 R0.5mm
8	T08	$\phi 6mm$ 硬质合金立铣刀	1	20	精加工凸轮槽内外轮廓	

3. 量具选择

根据加工工艺选择量具，量具清单见表 1-20。

表 1-20　量具清单

序号	测量尺寸	量具名称	备注
1	圆弧倒角	半径样板	
2	$\phi 20mm$、$\phi 12mm$ 孔	内径千分尺	也可用塞规
3	$\phi 32mm$ 外圆	外径千分尺	
4	槽深 14mm	游标深度卡尺	
5	表面粗糙度	表面粗糙度仪	也可用三坐标测量机
6	其余尺寸	游标卡尺	

谆谆寄语

千里之行始于足下！

思考与练习

一、选择题

1. 在下列条件中，(　　) 是单件生产的工艺特征。

A. 广泛使用专用设备　　　　　B. 有详细的工艺文件
C. 广泛采用夹具进行安装定位　D. 使用通用刀具和万能量具

2. 钻孔前使用的中心钻，其钻削深度为（　　）。
A. 1mm　　　　　　　　　　　B. 5mm
C. 8mm　　　　　　　　　　　D. 依据孔径及中心钻直径而定

3. 在切削用量中，对切削刀具磨损影响最大的是（　　）。
A. 切削深度　B. 进给量　C. 切削速度　D. 进给速度

4. 刀具材料中，制造各种结构复杂的刀具应选用（　　）。
A. 碳素工具钢　B. 合金工具钢　C. 高速工具钢　D. 硬质合金

5. 使工件相对于刀具占有一个正确位置的夹具装置称为（　　）装置。
A. 夹紧　　　B. 定位　　　C. 对刀　　　D. 引导

6. 工件在装夹时，必须使余量层（　　）钳口。
A. 稍高于　　B. 稍低于　　C. 大量高出　D. 相等

7. 套的加工方法是：孔径较小的套一般采用（　　）方法，孔径较大的套一般采用（　　）方法。
A. 钻、铰　　　　　　　　　　B. 钻、半精镗、精镗
C. 钻、扩、铰　　　　　　　　D. 钻、精镗

8. 在工件上既有平面需要加工，又有孔需要加工时，可采用（　　）。
A. 粗铣平面→钻孔→精铣平面　B. 先加工平面，后加工孔
C. 先加工孔，后加工平面　　　D. 以上任何一种形式

9. 要改善工件表面粗糙度时，铣削速度宜（　　）。
A. 提高　　　B. 降低　　　C. 不变　　　D. 无关

10. 数控加工工艺设计所特有的设计内容是（　　）。
A. 工艺规程设计　B. 工序设计　C. 走刀路线　D. 数控加工程序清单

二、判断题

1. 表面粗糙度参数 Ra 值越大，表示表面粗糙度要求越高；Ra 值越小，表示表面粗糙度要求越低。（　　）

2. 高温下，刀具切削部分必须具有足够的硬度，这种在高温下仍具有硬度的性质称为热硬性。（　　）

3. 由一套预制的标准元件及部件，按照工件的加工要求拼装组合而成的夹具，称为组合夹具。（　　）

4. 粗加工时，限制进给量提高的主要因素是切削力；精加工时，限制进给量提高的主要因素是表面粗糙度。（　　）

5. 进给路线的确定一是要考虑加工精度，二是要实现最短的进给路线。（　　）

6. 工件坐标系的确定需要根据工艺基准选择。（　　）

7. 工件在夹具中与各定位元件接触，虽然没有夹紧尚可移动，但由于其已取得确定的位置，所以可以认为工件已定位。（　　）

8. 机床夹具在机械加工过程中的主要作用是易于保证工件的加工精度；改变和扩大原机床的功能；缩短辅助时间，提高劳动生产率。（　　）

9. 通常游标卡尺作为数控机床加工精度检测的工具，所有零件检测都能适用。（　　）
10. 数控机床与其他机床一样，当被加工的工件改变时，需要重新调整机床。（　　）

三、简答题
1. 数控车削刀具有哪些类型？
2. 选择机夹可转位车刀应考虑哪些因素？
3. 数控铣刀的种类有哪些？它们的用途是什么？
4. 数控车床常用的夹具有哪些？它们各适合于哪些场合？
5. 数控铣床常用的夹具有哪些？它们各适合于哪些场合？
6. 数控加工工艺的特点与内容有哪些？
7. 数控加工工序的划分有哪几种方式？
8. 数控加工切削用量选择原则是什么？它们各与哪些因素有关？应如何进行确定？

项目 2

数控车床编程与加工

- **知识目标**
1. 掌握数控车床的操作方法。
2. 掌握数控车削编程指令与编程应用。
- **能力目标**
1. 能熟练操作数控车床。
2. 能熟练编写回转体类零件的数控程序。
- **素质目标**
1. 培养科学严谨的工作态度。
2. 培养分析问题、解决问题的能力。

项目引入

数控车床可以加工回转体类零件,可实现外圆、内孔、退刀槽、螺纹等结构的加工。各系统的数控车床除提供基础指令外,还提供了大量的循环指令,根据零件结构合理选用循环指令,能提高加工效率。

任务 2.1 数控车床的认识与操作

- **知识目标**
1. 认识数控车床的结构。
2. 掌握数控车床的操作。
- **能力目标**
1. 能熟练操作数控车床。
2. 能用数控车床进行自动加工。

任务引入

本任务是加工台阶轴,如图 2-1 所示。轴属于回转体类零件,其加工一般在车床上完成。在加工工艺和加工程序准备就绪的前提下，使用数控车床加工台阶轴。

知识准备

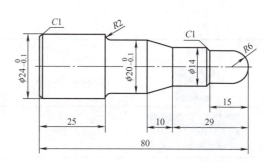

图 2-1 台阶轴

2.1.1 数控车床的面板简介与基本操作

如图 2-2 所示，数控车床由床身、主轴箱、刀架进给机构、尾座、数控装置、润滑系统、冷却系统组成。数控车床主要用于加工回转体类零件的内外圆柱面、锥面、曲面、沟槽和螺纹等。

数控车床结构及操作

1. 数控车床的面板简介

（1）控制面板　FANUC 0i T 系统数控车床控制面板如图 2-3 所示，各按键的功能见表 2-1。

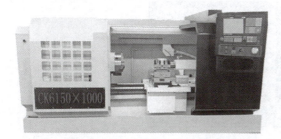

图 2-2　数控车床

图 2-3　数控车床控制面板

表 2-1　数控车床控制面板各按键的功能

按键	名称	功能
系统启动 系统停止	系统启动、系统停止	数控系统上电、断电
0程序保护1	程序保护开关	钥匙开关，防止自动加工时他人操作机床
（急停按钮）	急停	保护机床，开机旋开，关机按下
（电子手轮）	电子手轮	手轮模式下移动坐标轴可调节移动速率
倍率 进给速率	进给速率	自动运行时手动调整移动速度倍率

（续）

按键	名称	功能
	循环启动/停止	自动模式下使系统进入循环启动或停止
	工作方式选择	手动，通过面板操作移动轴运动；MDI，手动数据输入；手摇，操作电子手轮实现轴运动；编辑，程序编辑；自动，执行加工程序自动加工
	方向键	+X、–X、+Z、–Z 四个方向按键与中间波浪线按键合用可实现轴的快速移动

（2）系统面板　FANUC 0i T 系统数控车床系统面板如图 2-4 所示，各按键的功能见表 2-2。

图 2-4　数控车床系统面板

表 2-2　数控车床系统面板各按键的功能

按键	名称	功能
	键盘	输入字母或数字，用"SHIFT"键选择按键上的小字符，用"EOB"键换行
	位置键	显示机床刀位点目前的位置（绝对坐标或相对坐标）
	程序管理器	可新建加工程序，或查看加工程序列表
	偏置/设定	设置刀具偏置量或建立工件坐标系；双击可进入系统数据设定界面
	图形/模拟	设置图形参数，模拟加工程序的走刀路线
	字符编辑键	输入字符时，可用操作有 ALTER（替换）、DELETE（删除）、INSERT（插入）、CAN（撤销）
	复位	程序停止、机床故障解除后的回位等
	光标	光标的移动

2. 数控车床基本操作

（1）开机　旋开机床电气总开关→按下"系统启动"键→旋开"急停"键。

（2）关机　按下"急停"键→按下"系统停止"键→关闭机床电气总开关。

（3）回零　选择"回零"操作→按住"+X""+Z"方向键。

（4）手动轴移动

1）面板操作。选择"手动"工作方式→按住"+X""-X"或"+Z""-Z"方向键，松开后停止移动，或同时按方向键和中间的快速移动键，各轴快速移动。

2）手轮操作。选择"手摇"工作方式→操作手轮，可实现各轴移动。

（5）程序输入

1）MDI工作方式。选择"MDI"工作方式→输入程序段，例如"T0101 M03 S400;"→按"循环启动"键。该方式是临时使用，程序执行完自动消失。

2）编辑工作方式。选择"编辑"工作方式→按"PROG"键→输入被编辑的程序名，如"O0007"→按"INSERT"键→输入程序内容。

2.1.2　数控机床坐标系

数控车床机床坐标系

为了便于编程时描述机床的运动、简化程序的编制方法及保证记录数据的互换性，数控机床的坐标和运动的方向均已标准化。

1. 坐标系的确定原则

（1）机床相对运动原则　工件静止，刀具移动。

（2）标准坐标（机床坐标）系的规定　在数控机床上，机床的动作是由数控装置来控制的，为了确定机床上的成形运动和辅助运动，必须先确定机床上运动的方向和运动的距离，这就是机床坐标系。

标准的机床坐标系用右手笛卡儿直角坐标系表示，如图2-5a所示，规定了 X、Y、Z 三个直角坐标轴的方向，各坐标轴与机床的主要导轨相平行。根据右手螺旋法则，确定 A、B、C 三个旋转轴的方向，如图2-5b所示。复合型数控车床一般具有直角坐标系和旋转坐标系，如图2-5c所示。

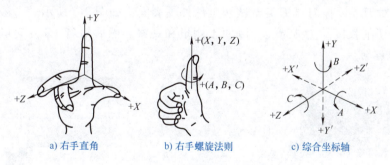

a) 右手直角　　　b) 右手螺旋法则　　　c) 综合坐标轴

图2-5　右手笛卡儿坐标系

2. 运动方向的确定

机床移动部件运动的正方向规定为增大工件与刀具之间距离的方向，即刀具远离工件的方向。

（1）Z轴　Z轴沿着床身纵向运动，由传递切削力的主轴所决定。与主轴轴线平行的坐标轴即为Z轴。其正方向由卡盘指向尾座。

（2）X轴　X轴是横向运动，X轴坐标表示工件的直径。刀具远离回转中心的方向为其正方向。

（3）Y轴　根据X轴和Z轴的运动，Y轴的运动按照右手笛卡儿坐标系来确定。

（4）旋转轴A、B、C　绕直线轴X、Y、Z回转的轴分别定义为A、B、C轴，其正向分别为在X、Y、Z轴正方向上右手螺旋前进的方向。

3. 数控车床坐标系

数控车床坐标系遵循机床坐标系。数控车床移动件只有刀架，其移动方向只有X、Z两个直角轴及其旋转轴A、C，因此数控车床Y轴为虚设轴。

2.1.3　对刀

对刀过程就是建立工件坐标系与机床坐标系之间相对位置关系的过程。

1. 对刀方法

对刀方法分为三大类，即手动对刀、机外对刀仪对刀和机内传感器自动对刀。其中，手动对刀又分为三种：试切法对刀，标准芯棒、塞尺及量块对刀，设定器对刀。最常用的方法是试切法对刀。

2. 对刀步骤

设定工件坐标系原点在工件右端面中心，刀具号为T0101，毛坯为$\phi31mm$。对刀操作如下：

（1）启动主轴　在MDI工作方式下输入"M03 S400"，按"循环启动"键，启动主轴。

（2）Z向对刀　选择"手摇"工作方式，手摇试切工件端面，如图2-6所示。注意选择"×10"的进给速率，避免碰刀。

（3）Z向测量　进入"OFS/SET"界面里的"补正/形状"，把光标移动到01单元Z向处，输入"Z0"，按软键"测量"，完成Z向设定。

（4）X向对刀　手摇刀具刀尖至试切工件外圆表面，如图2-7所示。一般切削深度为0.5～1mm，切削长度约为10mm，以便于测量和观察。然后沿着+Z方向退刀，不能移动X轴，主轴停转。

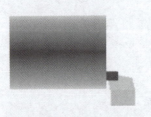
图2-6　Z向对刀

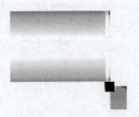
图2-7　X向对刀

（5）X向测量　用量具测量已车外圆的直径值，例如测量值为30mm。在"OFS/SET"界面里的"补正/形状"对应刀号X向处，输入"X30"，按软键"测量"，完成X

向设定。

（6）验证　在 MDI 工作方式下，输入"T0101 M03 S500；G00 X30 Z0；"。

通过以上步骤完成对刀，此时工件坐标系原点设定在工件右端面中心。

任务实施

加工图 2-1 所示台阶轴，根据加工工艺及加工程序，准备工装夹具、量具及刀具，实现零件的自动加工。

1. 准备

（1）毛坯　尺寸 ϕ25mm × 82mm 棒料，材料为 2A12。

（2）刀具　90°外圆车刀 1 把。

（3）工艺过程和数控加工程序

1）工序 1：如图 2-8 所示，加工零件左端，毛坯伸出自定心卡盘 35mm 长装夹。平端面，车外圆 ϕ24mm 长 26mm，数控加工程序见表 2-3。

2）工序 2：如图 2-9 所示，工件调头，以 ϕ24mm 外圆表面定位，工件伸出自定心卡盘 60mm 长装夹。保证总长 80mm，车 R6mm、ϕ16mm、ϕ20mm 以及 C1 倒角和 R2mm 过渡圆弧等右端外形面，数控加工程序见表 2-4。

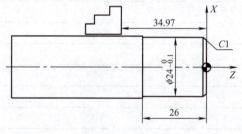

图 2-8　工序 1

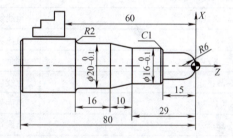

图 2-9　工序 2

表 2-3　工序 1 数控加工程序

数控程序	注释
O0001；	左端加工程序
G99 T0101 M03 S500；	选用 1 号 90°外圆车刀，主轴正转，转速为 500r/min
G00 X26 Z3；	快速定位在 ϕ26mm，距离端面 3mm 处
G90 X24.2 Z−26 F0.2；	粗车固定循环，直径粗车到 ϕ24.2mm，长度为 26mm
G00 X26 Z0；	快速定位
M03 S800；	主轴正转，转速为 800r/min
G01 X0 F0.1；	端面切削
X22；	直线切削
X24 Z−1；	倒角
Z−26；	直线切削

(续)

数控程序	注释
X26 F0.2；	退刀
G00 X100 Z100；	快速移动到安全位置
M05；	主轴停转
M30；	程序结束并返回到程序开头

表 2-4　工序 2 数控加工程序

数控程序	注释
O0002；	右端台阶表面程序
G99 T0101 M03 S500；	选用 1 号 90° 外圆车刀，主轴正转，转速为 500r/min
G00 X26 Z3；	快速定位在 ϕ26mm、距离端面 3mm 处
G71 U1.5 R0.5；	粗车固定循环，每次车 1.5mm 深，退刀量为 0.5mm
G71 P10 Q20 U0.2 W0.1 F0.2；	精加工从 N10 段开始 N20 段结束，给精车径向留 0.2mm 余量，轴向留 0.1mm 余量，粗加工进给量为 0.2mm/r
N10 G00 X0；	精车起始段 N10，快速定位在回转中心
G01 Z0 F0.1；	直线切削走刀至端面中心处：X0 Z0，其中 X0 可以省略
G03 X12 Z−6 R6；	圆弧切削
G01 Z−15；	直线切削
X14；	直线切削
X15.8 Z−16；	倒角
Z−29；	直线切削
X20 Z−39；	锥面切削
Z−53；	直线切削
G02 X24 Z−55 R2；	圆弧切削
N20 G01 X25.5 F0.2；	精车程序结束段 N20，直线退刀
G70 P10 Q20 M03 S800；	精加工固定循环，跳转到 N10 开始运行到 N20 结束
G00 X100 Z100；	快速退刀至 X100 Z100
M05；	主轴停止
M30；	程序结束并返回到程序开头

2. 程序输入

方法 1：选择"编辑"工作方式→按"PROG"键→输入新程序名"O0001"→按"INSERT"键，进入程序编辑界面，用"EOB"键换行，使用系统键盘输入加工程序。

方法 2：由计算机输入，生成文本文件，通过 CF 卡传输到机床。

方法 3：由计算机输入，生成文本文件，通过 DNC 软件在线传输。

3. 首件加工

1）用试切法对刀。

2）在"编辑"工作方式下调出运行的程序，按"RESET"键，光标回位。

3）选择"自动"工作方式，程序进入检视窗口。首件试切时，选择"单段"操作方式，进给速率开关调到较小位置。按"循环启动"键，执行下一段程序段，观察当前程序段运行情况，此操作直到程序结束。加工的台阶轴实物如图 2-10 所示。

图 2-10　台阶轴实物

4. 加工中易出现的问题及处理措施

1）加工过程中出现下一段程序错误或路径不正确。此时按"进给保持"键，用"手摇"或"手动"工作方式移动刀具离开工件，按"RESET"键停车，纠正后，重新执行程序。

2）操作中观察到即将发生干涉或已经干涉。此时应迅速按下"急停"按键。

3）首件试切完成后应测量尺寸是否满足要求，调整刀补磨耗值，保证加工质量。

任务 2.2　异形轴的编程与加工

- 知识目标
1. 认识数控编程基本指令。
2. 掌握数控车床粗加工循环功能。
- 能力目标
1. 能熟练编制数控车床粗、精加工程序。
2. 能合理选用粗加工循环功能指令。

任务引入

随着科技的发展，零件结构逐渐复杂，如图 2-11 所示的异形轴。数控系统默认移动件是一个点的运动，构成的走刀路线有直线和圆弧，需要合理地选择加工指令。

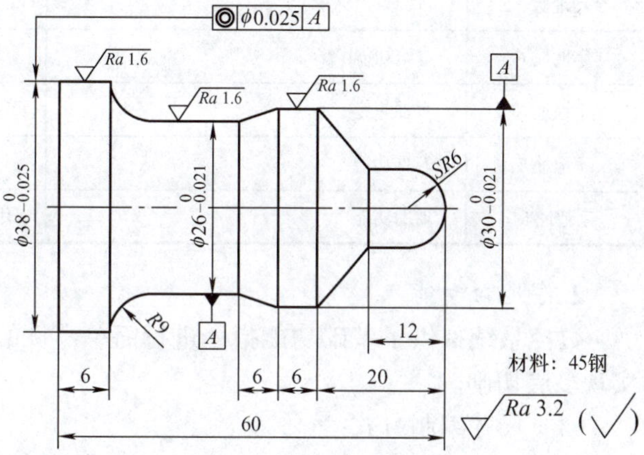

知识准备

图 2-11　异形轴

2.2.1　数控车床指令功能

1. 程序结构

数控系统种类繁多，它们使用的数控程序语言的规则和格式也不尽相同，因此，编程时编程人员应该根据机床操作说明书来编制程序。

（1）程序的组成　一个完整的程序由程序号/名、程序内容和程序结束三部分组成，见表 2-5。

表 2-5　程序的组成

名称	内容	说明
程序名	O0102;	FANUC 系统的程序名由字母 O+4 位数组成
程序内容	N0010 G50 X200 Z150 T0100; N0020 G96 M03 S150; N0030 G00 X20 Z6 T0101; N0040 G01 Z-30 F0.25; ……	由若干个程序段组成。每段程序段代表一段走刀路线，组合在一起构成一个零件加工的连续路线，包含刀具的进刀、切削、退刀整个过程，同时包含一次装夹中的所有切削要素
程序结束	N0100 M30;	表示程序跳转出去，若没有结束指令，系统报警

（2）程序段的组成　数控系统常用程序段格式是字地址可变程序段格式，一个完整的程序段包含若干个程序字，见表 2-6。

表 2-6　程序段格式及字地址含义

名称	格式及含义	说明
程序段格式	N＿ G＿ X＿ Z＿ F＿ S＿ T＿ M＿;	字的个数根据实际情况写入
字地址 N	程序段号	不是必须写入，位于程序段之首，数控加工中的顺序号，与程序执行的先后次序无关，只是程序段的识别标记
字地址 G	准备功能代码	控制机床运动部件的运动轨迹
字地址 X、Z	目标点坐标	一般指定移动件的终点
字地址 F	进给功能	单位有 mm/min 和 mm/r，不同的机床指定方式不同
字地址 S	主轴速度	单位有 m/min 和 r/min，根据 G 指令指定
字地址 T	刀具功能	一般用来指定使用刀具的刀号
字地址 M	辅助功能	用来控制机床辅助装置的开关动作

2. 字地址功能

数控系统提供了基础功能指令进行简单零件的编程加工，也提供了固定循环功能指令实现多层切削。

（1）尺寸编制方式

1）绝对尺寸编制方式。在绝对尺寸编制方式下，每个编程坐标轴上的所有坐标点的坐标值是相对于编程原点计算的。数控车床上用 (X, Z) 表达。

2）增量（相对）尺寸编制方式。在增量（相对）尺寸编制方式下，每个编程坐标轴上的坐标值是相对于前一位置来计算的，该值等于轴移动的距离。数控车床上用 (U, W) 表达。

3）混合尺寸编制方式。数控车床上，同一程序段中可以混合使用绝对和相对尺寸编制方式，用（X，W）或者（U，Z）表达。

（2）刀具功能 T　刀具功能 T 又称 T 功能或 T 指令，用于指定加工时选刀。

指令格式：T××××；

例如"T0101;"表示选择 1 号刀位 1 号补偿号。T 字符后的 4 位数字含义是：前 2 位表示选择的刀具号，后 2 位表示对应刀具补偿号。

（3）准备功能 G　准备功能 G 是用于建立机床或控制机床移动部件运动方式的一种指令。G 功能又分为模态指令和非模态指令。模态指令又称为续效指令，在同组的其他 G 指令被指定以前一直有效。非模态指令又称为非续效指令，只在本程序段有效。

（4）辅助功能 M　辅助功能 M 用于指定数控机床辅助装置的开关动作。FANUC 0i 系统数控车床常用辅助功能代码及含义见表 2-7。

表 2-7　FANUC 0i 系统数控车床常用辅助功能代码及含义

代码	含义	代码	含义
M00	程序停止	M07	2 号切削液开
M01	程序选择停止	M08	1 号切削液开
M02	程序结束	M09	切削液关
M03	主轴正转	M30	程序结束并返回开始处
M04	主轴反转	M98	调用子程序
M05	主轴停止	M99	子程序返回

2.2.2　简单光轴的编程与加工

1. 数控车削基础准备功能指令

数控系统提供了部分基础准备功能指令，可以提供简单零件的编程，或用于零件的精加工编程。数控车削基础准备功能 G 指令格式及说明见表 2-8，表中 00 组指令均是非模态指令。

表 2-8　数控车削基础准备功能 G 指令格式及说明

指令	组	功能	格式	说明
G98	05	每分钟进给量	G98 F＿；	单位是 mm/min
G99		每转进给量	G99 F＿；	单位是 mm/r
G96	02	恒线速度控制	G96 S＿；	单位是 m/min
G97		恒转速控制	G97 S＿；	单位是 r/min
G50	00	设定主轴最高转速	G50 S＿；	恒线速度控制时，限定主轴最高转速
		工件坐标系设定	G50 X＿ Z＿；	设定工件坐标系，刀具定位到指令指定点，一般不使用
G54～G59	14	零点偏置	G54；G55；G56；G57；G58；G59；	选择工件坐标系，数控车床一般不使用

(续)

指令	组	功能	格式	说明
G00		快速定位	G00 X(U) __ Z(W) __ ;	1. 刀具以点位控制方式快速移动到指令指定的目标点 2. 各轴移动速度由系统参数设定 3. 不能用于切削加工
G01		直线插补	G01 X(U) __ Z(W) __ F __ ;	1. 刀具以直线插补方式按指定进给速度移动到指令指定目标点 2. 用于直线轮廓的切削加工，F 指定的进给速度不能为零，若之前已指定，可模态继承
G02	01	顺时针圆弧插补	半径法编程： G02 X(U) __ Z(W) __ R __ F __ ; 圆心法编程： G02 X(U) __ Z(W) __ I __ K __ F __ ;	1. 顺（逆）圆插补判断方法：看向第三轴负向，顺时针走刀是 G02，逆时针走刀是 G03 2. 半径法编程时，半径 R 是带符号值。其判断方法是：当圆弧圆心角≤180°时，R 取正值；当 180°<圆弧圆心角<360°时，R 取负值；加工整圆时，不能使用半径法编程 3. 圆心法编程时，其圆心坐标 I、K 是相应 X、Z 方向圆心相对于圆弧起点的矢量值
G03		逆时针圆弧插补	半径法编程： G03 X(U) __ Z(W) __ R __ F __ ; 圆心法编程： G03 X(U) __ Z(W) __ I __ K __ F __ ;	
G04	00	进给暂停	G04 X(U) __ ; G04 P __ ;	1. 用于孔底或槽底去毛刺处理 2. 指令执行时，进给停，主轴不停 3. X(U) 表示时间，单位是 s，用小数表示 4. P 表示时间，单位是 ms，用整数表示
G27		返回参考点检测	G27 X __ Z __ ;	1. 用于参考点故障检测 2. X、Z 代表各轴
G28		自动回参考点	G28 X(U) __ Z(W) __ ;	X、Z 表示中间点坐标，在工件外自定义

2. 数控车床刀具补偿

使用多把刀具加工时，由于刀具形状长短不一、刀具磨损，以及刀尖圆弧半径的存在等，都会产生误差，因此数控车床提供了刀具补偿功能，包含刀具长度补偿和刀具圆弧半径补偿。

（1）刀具长度补偿 刀具长度补偿分为刀具几何补偿和磨损补偿。刀具几何补偿是对刀具形状及刀具安装位置误差的补偿，故刀具几何补偿常用于对刀点的设置；刀具磨损补偿是对刀具产生的磨损进行补偿。这两种偏移补偿值可分别在机床偏置界面设定。

（2）刀具圆弧半径补偿 数控编程时，通常将车刀刀尖视为一点，实际上，为了消除刀具刀尖应力，刀尖做圆角或倒角处理。在进行倒角、锥面及圆弧切削时，会产生少切或过切现象，此时可用刀具圆弧半径补偿功能来消除误差。刀具圆弧半径补偿指令包括：G41—刀具半径左补偿；G42—刀具半径右补偿；G40—取消刀具半径补偿。

1）刀具圆弧半径补偿指令格式：

$$\left.\begin{array}{l}\text{G41}\\\text{G42}\\\text{G40}\end{array}\right\}\left\{\begin{array}{l}\text{G01}\\\text{G00}\end{array}\right.\quad \text{X(U)\_\_Z(W)\_\_F\_\_;}$$

2）数控车床刀尖方位号。在设置刀具圆弧半径自动补偿时，还要设置刀尖圆弧位置编码，可根据机床操作说明书确定。例如，图 2-12 所示为后置刀架刀尖圆弧位置编码。

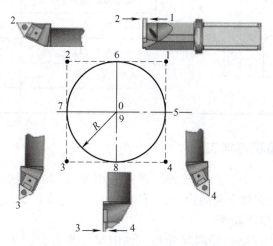

图 2-12　后置刀架刀尖圆弧位置编码

3. 简单光轴的编程加工

简单光轴零件图见表 2-9 中所示，选用刀尖圆弧半径为 0.2mm 的 90° 外圆车刀完成其加工，其材料为硬铝合金。φ50mm 外圆已经加工，以该部位装夹，零件上留有 0.5mm 的加工余量。根据刀具实际情况及加工工艺设计原则，保证工件上无过切、欠切情况，走刀路线设计及其加工程序见表 2-9。

圆柱台阶轴的编程加工　　带圆弧台阶轴的编程加工

表 2-9　简单光轴零件图、走刀路线设计及加工程序

零件图及走刀路线	加工程序	说明
	O0001;	新建程序 O001 号
	T0101 M03 S1600;	调刀具，工件零点，起动主轴
	G00 X100 Z20 M08	快速定位到点 H，开启切削液
	G42 X24 Z2	定位到切入点 1，建立刀具半径补偿
	G01 X32 Z-2 F0.15;	直线切削到点 2
	Z-20;	直线切削到点 3

(续)

零件图及走刀路线	加工程序	说明
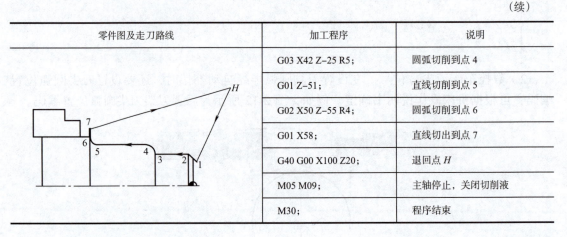	G03 X42 Z-25 R5;	圆弧切削到点 4
	G01 Z-51;	直线切削到点 5
	G02 X50 Z-55 R4;	圆弧切削到点 6
	G01 X58;	直线切出到点 7
	G40 G00 X100 Z20;	退回点 H
	M05 M09;	主轴停止，关闭切削液
	M30;	程序结束

2.2.3 长轴零件的编程与加工

回转体类零件在加工中，余量较大，通常采用分层切削方法，数控系统提供了这类切削的固定循环功能指令，可以更快速地完成加工。

1. 外圆/内孔加工循环指令

长轴类零件的尺寸特点是径向尺寸小，轴向尺寸相对大，为了提高加工效率，通常在径向方向分层切削。外圆/内孔加工循环指令见表 2-10。

外圆粗车编程加工

表 2-10 外圆/内孔加工循环指令

指令	功能	格式及走刀路线	说明
G90	内/外圆柱面单一循环	G90 X(U) _ Z(W) _ F _; (R)—快速移动 (F)—切削进给	1. $X(U)$、$Z(W)$ 为圆柱面终点坐标 2. 为模态指令
	内/外圆锥面单一循环	G90 X(U) _ Z(W) _ R _ F _; (R)—快速移动 (F)—切削进给	1. $X(U)$、$Z(W)$ 为圆锥面终点坐标 2. R 表示圆锥面切削段的起始端与终止端的半径差值，带"±"符号

(续)

指令	功能	格式及走刀路线	说明
G71	外圆/内孔复合粗车循环	G71 U(Δd)R(e); G71 P(n_s)Q(n_f)U(Δu)W(Δw)F(f);	1. 参数含义： Δd——背吃刀量，X轴方向； e——退刀量； n_s——精加工轨迹程序段起始段段号； n_f——精加工轨迹程序段终止段段号； Δu——X轴方向精加工余量，直径值； Δw——Z轴方向精加工余量； f——粗加工进给量 2. 精加工路线起始段必须平行于X轴 3. 加工内孔时，指令格式第二行的精加工余量Δu取负值 4. 适用范围：长轴类零件的粗加工或加工精度要求不高的情况

2. 精加工循环指令 G70

在零件加工精度要求较高的情况下，需要精加工。因此，数控系统提供了与粗加工复合循环指令相匹配的精加工循环指令 G70，该指令不能独立使用。

指令格式：G70 P(n_s)Q(n_f)F(f);

参数含义：

n_s——精加工程序段起始段段号；

n_f——精加工程序段终止段段号；

f——精加工进给量。

3. 复杂台阶轴的编程加工

复杂台阶轴如图 2-13 所示。首先，分析零件图，毛坯选用 ϕ40mm×61mm 的棒料，两端面已经加工到位。然后安排加工顺序，为了方便装夹，先加工零件左端结构，后加工右端结构。遵循基准重合原则，工件坐标系设计在设计基准处，左端结构在左端面中心，右端结构在右端面中心。刀具选用 1 号刀 93°外圆粗车刀和 2 号刀 90°外圆精车刀。留 0.5mm 精加工余量。复杂台阶轴走刀路线及加工程序见表 2-11。

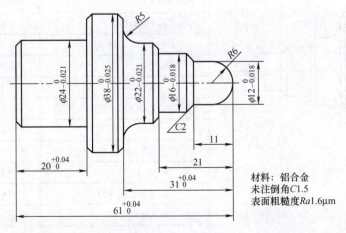

图 2-13 复杂台阶轴

表 2-11 复杂台阶轴走刀路线及加工程序

走刀路线 1	加工程序	说明
	O0001；	左端加工程序
	T0101 M03 S1200；	调用 1 号粗车刀
	G00 X44 Z2 M08；	定位到循环起点 A
	G90 X32 Z-20 F0.2；	第一层切削 4mm
	X25；	第二层切削 3.5mm
	G00 X100 Z100；	回换刀点
	T0202；	调 2 号精车刀
	S1600；	调整精车转速
	G00 X17 Z2；	定位到切入点 1
	G01 X24 Z-1.5 F0.15；	1→2
	Z-20；	2→3
	X35；	3→4
	X38 W-1.5；	4→5
	Z-31；	5→6
	X44；	6→7
	G00 X100 Z100 M09；	
	M05；	
	M30；	
走刀路线 2	加工程序	说明
	O0002；	右端加工程序
	T0101 M03 S1200；	调用 1 号粗车刀
	G00 X40 Z2 M08；	定位到循环起点 A
	G71 U1.5 R0.5	粗加工循环设定
	G71 P10 Q20 U1 W0.5 F0.2；	
	N10 G00 X0；	精加工起始段 A→1
	G01 Z0 F0.15；	1→0
	G03 X12 Z-6 R6；	0→2
	G01 Z-11；	2→3
	X16 W-2；	3→4
	Z-21；	4→5
	X19；	5→6
	X22 W-1.5；	6→7
	W-5；	7→8
	G02 X32 Z-31 R5；	8→9
	G01 X35；	9→10
	N20 X40 Z33.5；	精加工终止段 10→11

(续)

走刀路线 2	加工程序	说明
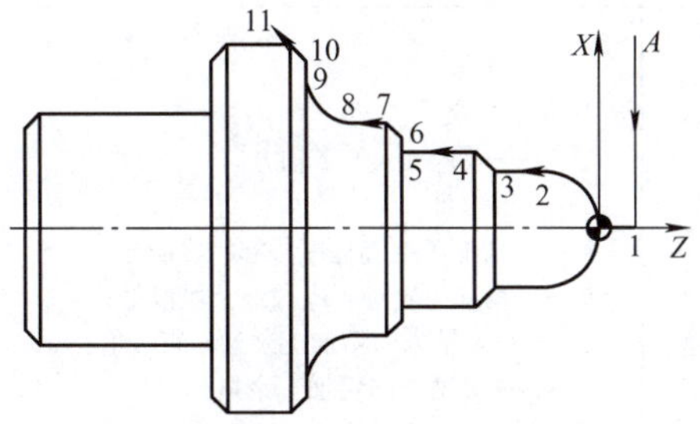 (图示)	G00 X100 Z100;	回换刀点
	T0202 S1600;	换 2 号精车刀
	G00 X40 Z2;	重新定位到循环起点 A
	G70 P10 Q20;	精加工
	G00 X100 Z100 M09;	
	M05;	
	M30;	

2.2.4 盘类零件的编程与加工

1. 端面车削循环指令

盘类零件是回转体类零件的一种，其尺寸特点是径向尺寸相对较大，轴向尺寸较小，例如法兰盘、端盖、连接盘等。为了提高加工效率，数控系统提供了相应的端面车削循环指令，见表 2-12，其指令含义与 G90/G71 指令类似。

表 2-12 端面车削循环指令

指令	功能	格式及走刀路线	说明
G94	外圆/内孔单一端面车削循环	G94 X(U)＿Z(W)＿F＿; 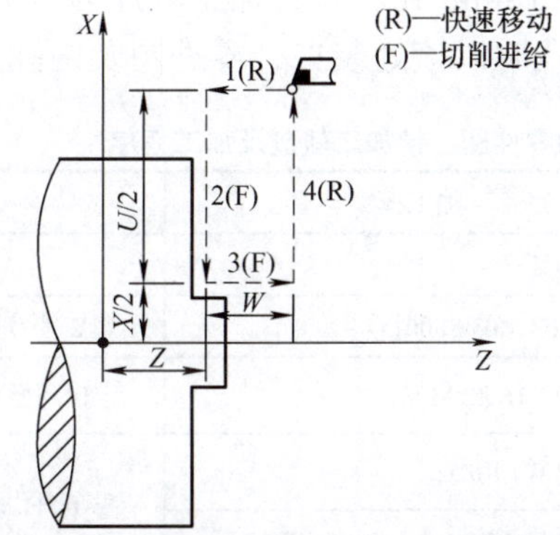 (图示) (R)—快速移动 (F)—切削进给	1. X(U)、Z(W) 为车削终点坐标 2. 刀具安装特点：刀杆与主轴中心线平行 3. 为模态指令
	外圆/内孔锥面单一端面车削循环	G94 X(U)＿Z(W)＿R＿F＿; 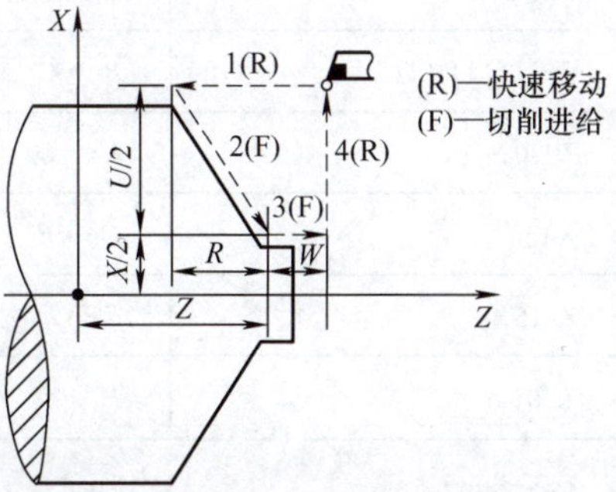 (图示) (R)—快速移动 (F)—切削进给	1. X(U)、Z(W) 为圆锥面终点坐标 2. R 表示圆锥面切削段的起始端与终止端的半径差值，有"±"符号

（续）

指令	功能	格式及走刀路线	说明
G72	端面复合粗车循环	G72 W(Δd)R(e); G72 P(n_s)Q(n_f)U(Δu)W(Δw)F(f); 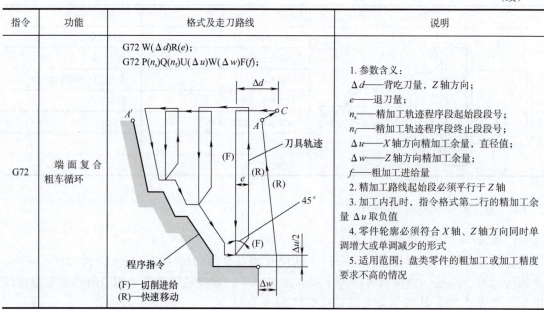 程序指令 (F)—切削进给 (R)—快速移动	1. 参数含义： Δd——背吃刀量，Z轴方向； e——退刀量； n_s——精加工轨迹程序段起始段段号； n_f——精加工轨迹程序段终止段段号； Δu——X轴方向精加工余量，直径值； Δw——Z轴方向精加工余量； f——粗加工进给量 2. 精加工路线起始段必须平行于Z轴 3. 加工内孔时，指令格式第二行的精加工余量Δu取负值 4. 零件轮廓必须符合X轴、Z轴方向同时单调增大或单调减少的形式 5. 适用范围：盘类零件的粗加工或加工精度要求不高的情况

2. 端盖的编程加工

盘类零件的特点是轴径比小，通常会带有较为复杂的阶梯孔结构，薄壁件加工还要考虑先内后外的加工原则，避免变形。例如，加工表2-13中的端盖，端盖材料为45钢，毛坯为$\phi80mm \times 28mm$的圆盘，中心带$\phi18mm$孔。安排加工顺序时，先加工外圆，后加工内孔；$\phi78mm$尺寸处壁厚，在加工内孔时以该处装夹，零件图及内孔加工程序见表2-13。

表2-13 端盖的零件图、精加工轨迹及加工程序

零件图及精加工轨迹	加工程序	说明
	O0001;	
	T0202 M03 S800;	调2号刀具及刀补
	G00 X16 Z2 M08;	定位到循环起点A
	G72 W1 R0.5;	粗车内孔，留0.3mm精加工余量
	G72 P10 Q20 U-0.6 W0.3 F0.2;	
	N10 G00 Z-27;	精加工起始段$A \to B$，沿Z轴下刀
	G01 X22 F0.1;	$B \to C$
	Z-20;	$C \to D$
	X30;	$D \to E$
	Z-15;	$E \to F$
	X50;	$F \to G$
	G02 X60 Z-10 R5;	$G \to M$

（续）

零件图及精加工轨迹	加工程序	说明
	N20 G01 Z2;	精加工终止段 $M \to N$
	G00 X150 Z100;	退回到换刀点
	T0303 S1200;	调 3 号刀，调整转速
	G00 X16 Z2;	重新定位到循环点
	G70 P10 Q20;	精加工
	G00 X150 Z100;	
	M05 M09;	
	M30;	

2.2.5 仿形零件的编程与加工

1. 封闭粗车复合循环指令 G73

盘类、长轴类零件结构尺寸单调性较好，各方向尺寸是逐渐增大或减小的，但是仿形零件结构尺寸没有这样的规律，若选用 G71 和 G72 指令进行自动加工则无法达到预期的结果。数控系统提供了封闭粗车复合循环指令 G73，该指令能更好地满足仿形件的加工，也能提高铸件、锻造件的加工效率。封闭粗车复合循环指令 G73 见表 2-14。

轮廓粗车编程加工

表 2-14 封闭粗车复合循环指令 G73

指令	功能	格式及走刀路线	说明
G73	封闭粗车复合循环	G73 U(i) W(k) R(d); G73 P(n_s) Q(n_t) U(Δu) W(Δw) F(f);	1. 参数含义： i——X 轴方向总退刀量，半径值 k——Z 轴方向总退刀量 d——重复加工次数； n_s——精加工轨迹程序起始段段号； n_t——精加工轨迹程序终止段段号； Δu——X 轴方向精加工余量，直径值； Δw——Z 轴方向精加工余量； f——粗加工进给量 2. 指令的使用与尺寸单调性无关

2. 手柄的编程加工

手柄零件图如图 2-14 所示，毛坯为 $\phi 20mm \times 60mm$ 的铝棒，选用 35° 菱形涂层硬质合金外圆车刀，刀尖圆弧半径为 0.8mm。工件坐标系原点为右端面中心，其加工程序见表 2-15。

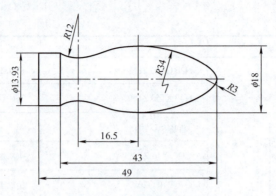

图 2-14　手柄零件图

表 2-15　手柄零件加工程序

加工程序	说明
O0001；	程序名
N10 G21 G40 G97 G99；	程序初始化
N20 M03 S1200 T0101 G00 X100 Z50；	起动主轴，选择1号刀1号刀补
N30 G42 G00 X40 Z2；	刀具快速定位到工件附近并建立右补偿
N40 G73 U10 W0 R7；	粗车循环，X向退刀量为14mm，Z向为0，分7层切削
N50 G73 P60 Q130 U0.5 W0 F0.2；	进给量为0.2mm/r，X向精加工余量为0.5mm，Z向为0
N60 G00 X−1 Z2；	刀具快速进刀
N70 G01 Z0 F0.1；	刀具Z向进刀
N80 X0；	进刀至切削起点
N90 G03 X4.84 Z−1.23 R3；	车$R3$mm的圆弧
N100 X13.38 Z−33.65 R34；	车$R34$mm的圆弧
N110 G02 X13.93 Z−43 R12；	车$R12$mm的圆弧
N120 G01 Z−50；	车$\phi13.93$mm至长50mm处
N130 X20；	工件退刀
N140 G40 G00 X100 Z50；	定位到换刀点并取消刀补
N150 T0202 S1800；	换2号精车刀，调整主轴转速
N160 G42 G00 X40 Z2；	定位到循环起点并建立右补偿
N170 G70 P60 Q130；	精加工循环
N180 G40 G00 X100 Z100；	取消刀补，退刀
N190 M30；	程序结束

任务实施

加工图 2-11 所示异形轴,合理选择加工指令,编写程序并进行加工。

1. 制订零件加工工艺

(1)零件图分析 异形轴外轮廓右端有一圆球面,中间有一处内凹面,因此把该工件分两段加工,另外,该零件轴径比较大,粗加工时,先选择用 G71 指令加工右端外圆面,再用 G73 指令加工内凹面。

(2)加工工艺分析

1)装夹方式的选择:采用自定心卡盘装夹。

2)加工方法的选择:零件材料为 45 钢,零件表面粗糙度为 $Ra1.6\mu m$,尺寸公差等级为 IT7,在一次装夹中先进行右、左侧的粗加工,再进行右、左侧的精加工。

3)刀具的选择:T0101 为 93° 外圆机夹车刀(80°C 型菱形刀片)、T0202 为 95° 外圆机夹车刀(35°V 型菱形刀片)、T0303 为刀宽 3mm 的切槽刀(左刀尖对刀)。

(3)数控加工工序卡 异形轴数控加工工序卡见表 2-16。

表 2-16 异形轴数控加工工序卡

零件名称		零件图号		材料	夹具名称		使用设备	
异形轴		2-11		45 钢	自定心卡盘		数控车床	
工步号	工步内容		刀具号	主轴速度	进给量 $f/(mm/r)$		背吃刀量 a_p/mm	备注
1	粗车右侧轮廓		T0101	1200r/min	0.25		1	指令 G71
2	粗车左侧轮廓		T0101	1000r/min	0.2		2	指令 G73
3	精车右侧轮廓		T0202	160m/min	0.1		0.5	
4	精车左侧轮廓		T0202	160m/min	0.1		0.5	

2. 编制数控加工程序

异形轴尺寸有公差,编程时可以采用中等公差值编程;也可采用公称尺寸值编程,公差可在机床刀补参数中考虑。异形轴的数控加工程序见表 2-17。

表 2-17 异形轴的数控加工程序

加工程序	说明
O0100;	
N10 T0101;	调用 1 号车刀
N20 M03 S1200 G00 X50 Z200;	主轴转速 1200 r/min
N30 G42 G00 X45 Z5 M08;	刀具定位,开切削液
N40 G71 U1 R0.5;	粗加工右侧外轮廓
N50 G71 P60 Q120 U2 W0.5 F0.25;	

（续）

加工程序	说明
N60 G00 X0；	右侧加工到26mm，加工路线如下：
N70 G01 Z0 F0.1；	
N80 G03 X12 Z-6 R6；	
N90 G01 Z-12；	
N100 G01 X30 Z-20；	
N110 W-6；	
N120 G01 X45；	
N130 G40 G00 X50 Z200；	回换刀点
N140 M05；	主轴停止
N150 M00；	程序选择停止，检测工件
N160 T0202；	换2号车刀
N170 M03 S1000；	主轴转速1000 r/min
N180 G42 G00 X45 Z-25；	
N190 G73 U10 W5 R5；	粗加工左侧外轮廓
N200 G73 P210 Q250 U2 W0.5 F0.2；	
N210 G00 X30 Z-26；	左侧外轮廓加工路线如下：
N220 G01 X26 W-6 F0.1；	
N230 W-14；	
N240 G02 X38 W-6 R6；	
N250 G01 Z-70；	
N260 G40 G00 X50 Z200；	回换刀点
N270 M05；	主轴停
N280 M00；	程序选择停止，检测工件
N290 T0101；	换1号车刀
N300 G50 S2500；	限制最高转速为2500 r/min
N310 G96 S160 M03；	控制恒线速度最高为160 m/min
N320 G42 G00 X45 Z5；	定位到循环点A
N330 G70 P60 Q120；	精加工右侧外轮廓
N340 G40 G00 X50 Z200；	
N350 T0202；	换2号车刀
N360 G42 G00 X45 Z-25；	定位到循环点1
N370 G70 P210 Q250；	精加工左侧外轮廓

(续)

加工程序	说明
N380 G40 G00 X50 Z250；	
N390 G00 X50；	
N400 Z200；	
N410 M05 M09；	主轴停止，关闭切削液
N420 M30；	程序结束

任务 2.3　槽与螺纹的加工

- 知识目标
1. 掌握槽加工方法及指令。
2. 掌握螺纹加工方法及指令。
- 能力目标
1. 能根据槽结构合理选择刀具及加工指令。
2. 能根据螺纹合理选择刀具、切削用量及加工指令。

任务引入

槽和螺纹是轴类零件的典型结构，在很多零件结构中存在，例如常见的螺钉、螺栓等。其加工方法和编程指令的合理性将影响零件的加工质量。图 2-15 所示为螺纹轴。

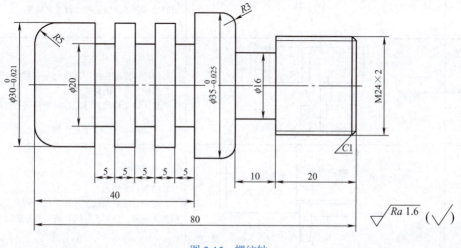

图 2-15　螺纹轴

知识准备

2.3.1 槽加工

槽一般有外沟槽、内沟槽、端面沟槽等,不同槽又有窄槽、宽槽、单槽、多槽和深槽之分。

1. 切槽加工的特点

(1) 切削力大　由于切槽过程中切屑与刀具、工件的摩擦,切槽时被切金属的塑性变形大,所以在切削用量相同的条件下,切槽时切削力比一般车外圆时的切削力大20%~25%。

(2) 切削变形大　当切槽时,由于切槽刀的主切削刃和左、右副切削刃切削时同时参加切削,切屑排出时,受到槽两侧的摩擦、挤压作用,以致切削变形大。

(3) 切削热比较集中　当切槽时,塑性变形大,摩擦剧烈,故产生的切削热也多,会加剧刀具的磨损。

(4) 刀具刚性差　通常切槽刀主切削刃宽度较窄(一般为2~6mm),刀头狭长,所以刀具的刚性差,切削过程中容易产生振动。

2. 槽加工的方法

槽因宽度、深度不同,其加工方法也有所区别,见表2-18。

表2-18　槽的加工方法

类型	加工方法	说明(以工件直径≤φ60mm为例)
窄浅槽		1. 槽宽范围:≤5mm 2. 刀具选择:与槽宽相等 3. 切削方法:径向切入一次加工成形 4. 修正槽底精度:可采用G04指令进行暂停,退出时也可改变进给速度以修正槽两侧
窄深槽		1. 深槽:深度较深,刀具无法一次切削到位 2. 切削方法:渐进式进刀 3. 修正槽底精度:可用G04指令进行暂停
宽浅槽		1. 槽宽:≥5mm 2. 切削方法:粗加工,排刀法,槽底及两侧面留精加工余量;精加工时以外圆车削方法加工

3. 切削用量的选择

由于刀具刚性、强度及散热条件较差,所以槽加工时应适当地减小进给量。切断时切削速度可选得高一些。切槽或切断时常用材料切削用量的选择见表 2-19。

表 2-19 切槽或切断切削用量的选择

切槽(断)加工条件	进给量 f/(mm/r)	切削速度 v_c/(m/min)
用高速钢车刀加工钢料	0.05~0.1	30~40
用高速钢车刀加工铸铁	0.1~0.2	15~25
用硬质合金车刀加工钢料	0.1~0.2	80~120
用硬质合金车刀加工铸铁	0.15~0.25	60~100

4. 切槽循环指令

数控系统提供了宽深槽切削复合循环指令 G75,该指令也可以用于等宽等间距等深度排槽的加工,指令见表 2-20。

表 2-20 宽深槽切削复合循环指令 G75

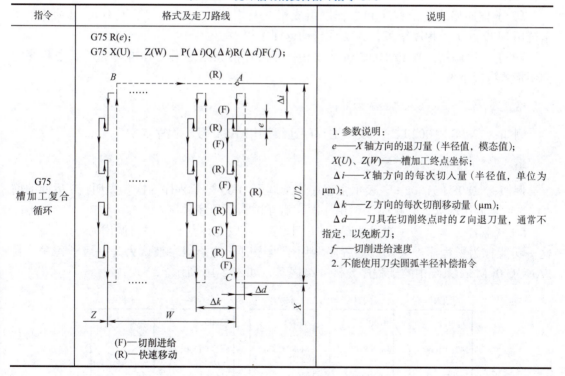

指令	格式及走刀路线	说明
G75 槽加工复合循环	G75 R(e); G75 X(U) _ Z(W) _ P(Δi)Q(Δk)R(Δd)F(f); (F)—切削进给 (R)—快速移动	1. 参数说明: e——X 轴方向的退刀量(半径值,模态值); X(U)、Z(W)——槽加工终点坐标; Δi——X 轴方向的每次切入量(半径值,单位为 μm); Δk——Z 方向的每次切削移动量(μm); Δd——刀具在切削终点时的 Z 向退刀量,通常不指定,以免断刀; f——切削进给速度 2. 不能使用刀尖圆弧半径补偿指令

5. 槽加工应用

切槽循环指令应用案例见表 2-21。表 2-21 中零件上有一宽 10mm 的槽,该槽较宽、较深,采用一次切削方法对刀具的磨损较大,故采用渐进式加工方法,选择 4mm 宽切槽刀。

表 2-21 切槽循环指令应用案例

零件图	加工程序	说明
	O5025;	
	N10 T0202 M03 S400;	调用 2 号切槽刀，左刀尖对刀
	N20 G00 X55 Z-30;	定位到循环起点
	N30 G75 R0.5;	切槽中，每次 X 向下刀 2mm，
	N40 G75 X20 Z-30 P2000 Q3500 F0.15;	每刀 Z 向偏移 3.5mm
	N50 G01 X100;	
	N60 M05;	
	N70 M30;	

6. 子程序在槽加工中的应用

（1）子程序功能及调用　数控系统把程序分为主程序和子程序。

1）主程序。在工件一次装夹中，能描述所有待加工部位的程序就是主程序。

2）子程序。用来描述某一局部轮廓的加工动作的程序就是子程序。子程序一般不可以作为独立的加工程序使用，只能通过主程序调用。

3）子程序格式。子程序和主程序组成格式基本相同，仅结束标识不同。FANUC 0i 系统用 M99 表示子程序结束，并实现自动返回主程序功能。

4）子程序调用。在 FANUC 0i 系统中，子程序的调用采用 M98 指令进行，子程序的调用格式有以下两种。

格式 1：M98 P×××× L××××;

例如："M98 P1002 L5;"表示主程序连续调用 1002 号子程序 5 次。

格式 2：M98 P×××× ××××;

例如："M98 P51002;"表示主程序连续调用 1002 号子程序 5 次。说明：P 后面的前 4 位为重复调用次数，省略时为调用一次，后 4 位为子程序号。

5）子程序嵌套。为了进一步简化加工程序，可以允许其子程序再调用另一个子程序，这一功能称为子程序嵌套。当主程序调用子程序时，该子程序被认为是一级子程序。在 FANUC 0i Mate 系统中的子程序允许 4 级嵌套，如图 2-16 所示。

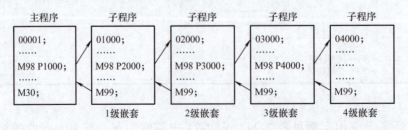

图 2-16　子程序嵌套

（2）子程序在槽加工中的应用　子程序在槽加工中的应用案例见表 2-22。表 2-22 中

零件选择毛坯为 $\phi32mm \times 77mm$ 的铝棒，T01 为外圆车刀，T03 为刀宽 2mm 的切断刀。该零件结构有规律，左侧 1 槽、2 槽和右侧 3 槽、4 槽结构一致，但是 2 槽、3 槽间距不同于 1 槽、2 槽和 3 槽、4 槽间距，因此可以编制 1 槽、2 槽加工子程序来提高效率。

表 2-22 子程序在槽加工中的应用案例

零件图及走刀路线	加工程序	说明
	O1000;	主程序名
	T0101 M03 S800;	外圆切削
	G00 X35 Z2 M08;	
	G01 Z-55 F0.3;	
	G00 X150 Z100;	
	T0303;	切槽
	X32 Z0;	定位到子程序调用起点
	M98 P1100 L02;	重复 1100 子程序两次
	G00 X150.Z100 M09;	
	M30;	
	O1100;	子程序名
	G00 W-12;	从 A 点定位到 1 槽
	G01 U-12 F0.15;	1 槽的切削加工
	G04 X1.0;	
	G00 U12;	
	W-8;	1 槽到 2 槽的移动
	G01 U-12 F0.15;	2 槽的切削加工
	G04 X1.0;	
	G00 U12;	
	M99;	子程序结束

2.3.2 螺纹加工

螺纹编程加工

1. 螺纹加工基本原理

数控车床加工螺纹主要是利用主轴主运动与刀具进给的同步性进行的。螺纹车刀与工件做相对旋转运动，并由先形成的螺纹沟槽引导着刀具做轴向移动，逐层切削直至加工完成。

2. 螺纹切削基本路线

为了保证螺纹导程一致性，一般在螺纹理论段上留出一定的导入量和导出量，即在螺纹切削两端设置足够的升速进刀段 δ_1 和降速退刀段 δ_2，避免刀具在升速或者减速的过程中形成非规格螺纹，如图 2-17 所示。一般导入量 $\delta_1=2\sim5mm$，导出量 δ_2 小于螺纹退刀槽宽度，一般使 $\delta_2=(1/4\sim1/2)\delta_1$ 或 1/2 退刀槽宽。

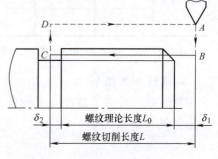

图 2-17 螺纹切削基本路线

3. 螺纹加工的数值计算及余量分配

（1）大径和小径　三角形圆柱外螺纹相关尺寸计算见表2-23。

表 2-23　三角形圆柱外螺纹相关尺寸计算

参数名称	代号	计算公式	原因及用途
外螺纹圆柱直径	$d_圆$	$d_圆=d-0.1P$	受刀具挤压影响，外径尺寸会胀大，故车外螺纹前圆柱直径应比螺纹大径小0.2～0.4mm，作为车外螺纹前圆柱加工、编程的依据
螺纹牙深	$h_{1实}$	$h_{1实}=0.65P$	关系到车螺纹时进刀次数、每次背吃刀量分配等
外螺纹小径	$d_{1实}$	$d_{1实}=d-2h_{1实}=d-1.3P$	编程时计算外螺纹牙底坐标

注：表中 d 为外螺纹的基本大径（公称直径）；P 为螺距。

（2）进给量　螺纹加工属于成形加工，为了保证螺纹导程，加工时主轴每转一周，车刀进给量必须等于螺纹的导程。

（3）背吃刀量　由于螺纹加工时进给量较大，而螺纹车刀的强度一般较差。因此，一般分层进给，每次进给的背吃刀量按递减规律分配。常用普通米制螺纹切削进给次数和背吃刀量推荐值见表2-24。

表 2-24　常用普通米制螺纹切削进给次数和背吃刀量推荐值

螺距/mm		1	1.5	2	2.5	3	3.5	4
牙深（半径值）/mm		0.649	0.974	1.299	1.624	1.949	2.273	2.598
走刀次数和背吃刀量/mm	1次	0.7	0.8	0.9	1.0	1.2	1.5	1.5
	2次	0.4	0.6	0.6	0.7	0.7	0.7	0.8
	3次	0.2	0.4	0.6	0.6	0.6	0.6	0.6
	4次		0.16	0.4	0.4	0.4	0.6	0.6
	5次			0.1	0.4	0.4	0.4	0.4
	6次				0.15	0.4	0.4	0.4
	7次					0.2	0.2	0.4
	8次						0.15	0.3
	9次							0.2

注：表中背吃刀量为直径值，走刀次数和背吃刀量根据工件材料及刀具的不同酌情增减。

4. 螺纹加工指令

数控系统提供了螺纹加工指令，可以实现端面螺纹、锥螺纹、直螺纹的加工。螺纹加工指令见表2-25。

表 2-25 螺纹加工指令

指令	格式及走刀路线	说明
G32 螺纹切削	G32 X(U) _ Z(W) _ F(f);	1. 走刀路线：$B \to C$ 2. 参数含义： $X(U)$、$Z(W)$——螺纹切削段终点（C点）坐标； f——进给量，螺纹导程值 3. 应用范围：直螺纹、锥螺纹、端面螺纹
G92 直螺纹切削单一循环	G92 X(U) _ Z(W) _ F(f);	1. 走刀路线：$A \to B \to C \to D \to A$ 2. 参数含义： $X(U)$、$Z(W)$——螺纹切削段终点（C点）坐标； f——进给量，螺纹导程值 3. 应用范围：直螺纹
G92 锥螺纹切削单一循环	G92 X(U) _ Z(W) _ R(R) F(f);	1. 走刀路线：$A \to B \to C \to D \to A$ 2. 参数含义： $X(U)$、$Z(W)$——螺纹切削段终点（C点）坐标； R——螺纹切削段起始端与终端半径差，有符号，即 $R=R_B-R_C$ f——进给量，螺纹导程值 3. 应用范围：锥螺纹
G76 复合螺纹切削循环	G76 P(m)(r)(α) Q(Δd_{min}) R(d); G76 X(U) _ Z(W) _ R(i) P(k) Q(Δd) F(f); 尾端倒角量 r=(0.1～9.9) 导程，程序中输入系数 01～99 进刀法	1. 走刀路线：螺纹切削全过程 2. 参数含义： m——精加工重复次数，为01～99的两位数； r——倒角量，两位数； $α$——刀尖角，两位数； Δd_{min}——最小切入量； d——精加工余量，半径值； $X(U)$、$Z(W)$——螺纹切削段终点坐标； i——螺纹切削段半径之差，若 i=0，为直螺纹； k——牙型高度（X方向半径值）； Δd——第一次切入量（半径值）； f——进给量，螺纹导程值 3. 应用范围：直螺纹、锥螺纹 4. 指令应用特点：工艺性比较合理，编程效率较高，可改善切削性能

5. 螺纹加工指令应用

螺纹加工指令应用案例见表 2-26。采用 G32、G92、G76 指令分别完成表中零件螺纹部分的加工。

表 2-26 螺纹加工指令应用案例

零件图及基本走刀路线	加工程序	说明
	G32 指令应用	
	O0101；	
	T0303 M03 S500；	
	G00 X30 Z2；	
	X19.2；	
	G32 Z-18 F1；	第一层直径切削余量 0.7mm
	G00 X30；	
	Z2；	
	X18.8；	
	G32 Z-18 F1；	第二层直径切削余量 0.4mm
	G00 X30；	
	Z2；	
	X18.6；	
	G32 Z-18 F1；	第三层直径切削余量 0.2mm
	G00 X30；	
	Z2；	
	X50 Z100 M05；	
	M30；	
	G92 指令应用	
	O0102；	
	T0303 M03 S500；	
	G00 X30 Z2；	
	G92 X X19.2 Z-18 F1；	第一层直径切削余量 0.7mm
	X18.8；	第二层直径切削余量 0.4mm
	X18.6；	第三层直径切削余量 0.2mm
	G00 X50 Z100 M05；	
	M30；	
	G76 指令应用	
	O0001；	
	T0303 M03 S500；	
	G00 X30 Z2；	
	G76 P021060 Q40 R100；	设置螺纹加工参数，完成螺纹加工
	G76 X18.6 Z-18 P650 Q700 F1；	
	G00 X50 Z100 M05；	
	M30；	

任务实施

加工如图 2-15 所示螺纹轴,材料为硬铝,毛坯尺寸为 $\phi35\text{mm}\times82\text{mm}$。表面包括两端面、外圆表面、圆弧面、沟槽、螺纹、过渡圆角和倒角,要求实现槽和螺纹的加工。

1. 加工工艺制订

1) 加工设备:选用 FANUC CKA6136 数控车床进行车削。
2) 毛坯:材料为 2A12,规格为 $\phi35\text{mm}\times82\text{mm}$。
3) 装夹方式选择:采用自定心卡盘夹紧。
4) 加工刀具:T0101 为 90° 外圆粗车刀,T0202 为 93° 外圆精车刀,T0303 为刀宽 5mm 的外切槽刀,T0404 为机夹 60° 外螺纹刀。
5) 加工方法:先用 T0101 刀具粗车左端面、外圆面,用 T0202 刀具进行外圆面精加工,用 T0303 刀具切槽;调头装夹,用 T0101 刀具粗车外圆面,用 T0202 刀具进行外圆面精加工,用 T0303 刀具切槽,用 T0404 刀具加工外螺纹。
6) 数控加工工序卡:见表 2-27。

表 2-27 数控加工工序卡

零件名称		零件图号	材料	夹具名称	使用设备	
螺纹轴		2-15	2A12	自定心卡盘	数控车床	
工步号	工步内容	刀具号	主轴转速 $n/(\text{r/min})$	进给量 $f/(\text{mm/r})$	背吃刀量 a_p/mm	备注
1	粗车左端面、外圆面	T0101	600	0.2	1	
2	精车外圆面	T0202	1000	0.1	0.5	
3	切槽	T0303	500	0.1		
4	调头装夹,粗车右端面、外圆面,保证总长	T0101	600	0.2	1	
5	精车外圆面	T0202	1000	0.1	0.5	
6	切螺纹退刀槽	T0303	500	0.1	1	
7	车螺纹	T0404	500	2	分层	

2. 编制数控加工程序

(1) 工件坐标系的确定
1) 螺纹轴左端加工工件坐标系原点建立在工件左端面对称中心点处。
2) 螺纹轴右端加工工件坐标系原点建立在工件右端面对称中心点处。

(2) 编程计算 M24×2 外螺纹的相关参数如下:
1) 螺纹大径(公称直径):$d=24\text{mm}$。
2) 螺纹加工前外圆直径:$d_{轴}=d-0.2\text{mm}=24\text{mm}-0.2\text{mm}=23.8\text{mm}$。
3) 螺纹加工小径:$d_{轴1}=d-1.3P=24\text{mm}-1.3\times2\text{mm}=21.4\text{mm}$。
4) 螺纹的牙深:$h=0.65P=0.65\times2\text{mm}=1.3\text{mm}$。

5）螺纹加工背吃刀量分别为 0.9mm、0.6mm、0.6mm、0.4mm、0.1mm，也可以根据经验选取。

（3）参考程序　螺纹轴加工参考程序见表 2-28 和表 2-29。

表 2-28　粗车左端面，粗、精车左端外圆面加工程序

加工程序	说明	加工程序	说明
O0001;	主程序名	N150 G00 X38 Z2;	定位循环起点
N10 T0101 M03 S600;	调用1号刀具，建立工件坐标系	N160 G70 P70 Q120;	精加工循环指令
N20 G00 X40 Z1;	快速定位	N170 G00 X100 Z100;	退刀
N30 G94 X-1 Z0 F0.1;	平端面	N180 T0303 M03 S500;	换3号刀
N40 G00 X40 Z1;	定位至（X40，Z1）	N190 G00 X40 Z-10;	定位
N50 G71 U1 R0.5;	外径粗车循环，背吃刀量1mm，退刀量0.5mm	N200 G98 P0020 L03;	调用0020号子程序3次
N60 G71 P70 Q120 U1 W0.5 F0.2;	循环从N70开始到N120结束	N210 G00 X100 Z100;	刀具返回到换刀点
N70 G00 X0;	定位至X0	N220 M05;	主轴停转
N80 G01 Z0 F0.1;		N230 M30;	程序结束
N90 G01 X20;	定位至X20	O0020;	子程序名
N100 G03 X30 Z-5 R5;	车 R5mm 圆弧	N10 G00 W-10;	快速定位
N110 G01 Z-40;	车外圆面	N20 G01 U-20 F0.1;	切槽加工
N120 G01 X40;	退刀至X40	N30 G04 U2;	槽底暂停2s
N130 G00 X100 Z100;	退刀至换刀点	N40 G01 U20;	刀具返回
N140 T0202 M03 S1000;	换2号刀	N50 M99;	子程序结束，返回到主程序

表 2-29　粗车右端面，粗、精车右端外圆面加工程序

加工程序	说明	加工程序	说明
O0002;	程序名	N90 G01 X23.8 C1;	倒角
N10 T0101 M03 S600;	调用1号刀具，建立工件坐标系	N100 G01 Z-30;	车外圆
N20 G00 X40 Z1;	快速定位至（X40，Z1）	N110 G01 X35 R3;	倒圆角
N30 G94 X-1 Z0 F0.1;	平端面	N120 G01 Z-40;	车外圆
N40 G00 X40 Z1;	快速定位至（X40，Z1）	N130 X40;	退刀
N50 G71 U1 R0.5;	外径粗车循环，背吃刀量1mm，退刀量0.5mm	N140 G00 X100 Z100;	退刀至换刀点
N60 G71 P70 Q130 U0.5 W0.5 F0.2;	循环从N70开始到N130结束	N150 T0202 M03 S1000;	换2号刀
N70 G00 X0;	定位至X0	N160 G00 X38 Z2;	定位循环起点
N80 G01 Z0 F0.1;	定位至Z0	N170 G70 P70 Q120;	精加工循环指令

(续)

加工程序	说明	加工程序	说明
N180 G00 X100 Z100;	退刀	N270 G00 X40 Z3;	快速定位至循环起点
N190 T0303 M03 S500;	换 3 号刀	N280 G92 X23.1 Z-23 F2;	螺纹车削循环指令，车第 1 刀
N200 G00 X40 Z-25;	直接定位到槽处	N290 X22.5;	第 2 刀
N210 G75 R0.5;	切槽循环指令	N300 X21.9;	第 3 刀
N220 G75 X16 Z-30 P1000 Q5500 F0.1;	切槽至 X16，每次切入量 1mm	N310 X21.5;	第 4 刀
N230 G00 X40;	X 向退刀	N320 X21.4;	第 5 刀
N240 G00 Z10;	Z 向退刀	N330 G00 X100 Z100;	刀具返回到换刀点
N250 G00 X100 Z100;	退刀至换刀点	N340 M05;	主轴停转
N260 T0404 M03 S500;	调用 4 号刀，主轴正转，转速 500r/min	N350 M30;	程序结束

任务 2.4　数控车床自动编程

- 知识目标
1. 熟悉 CAXA 数控车软件的绘图功能。
2. 掌握 CAXA 数控车软件自动生成加工程序的方法。
- 能力目标
1. 能用 CAXA 数控车软件绘制简单零件的实体。
2. 能用 CAXA 数控车软件生成零件的加工程序。

任务引入

CAXA 数控车是一款国产 CAD/CAM 软件。CAXA 数控车软件的主要功能包括自动生成车削加工的刀具轨迹、生成代码，并可对生成的代码进行校验及加工仿真。CAXA 数控车软件提供了灵活的后置配置方式。本任务以 CAXA 数控车 2016 介绍数控车削自动编程。

知识准备

2.4.1　CAXA 数控车 2016 界面

单击计算机桌面左下角的"开始"→"程序"→"CAXA 数控车 2016"来运行软件，进入 CAXA 数控车 2016 界面，如图 2-18 所示。该界面由主菜单栏、工具栏、状态栏和绘图区四部分组成，常用工具栏有绘图工具栏、编辑工具栏、常用工具栏和数控车工具栏等。

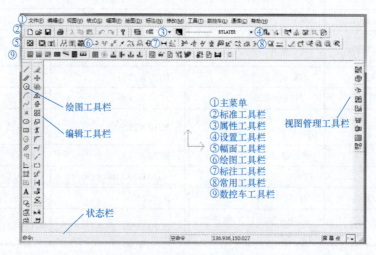

图 2-18　CAXA 数控车 2016 界面

1. 绘图区

绘图区是用户进行绘图设计的工作区域，如图 2-18 中的空白区域。

2. 菜单系统

CAXA 数控车的菜单系统包括主菜单、立即菜单、工具菜单和弹出菜单四部分。

（1）主菜单　如图 2-19 所示，主菜单位于界面的顶部。主菜单栏包括文件、编辑、视图、格式、幅面、绘图、标注、修改、工具、数控车和帮助等。

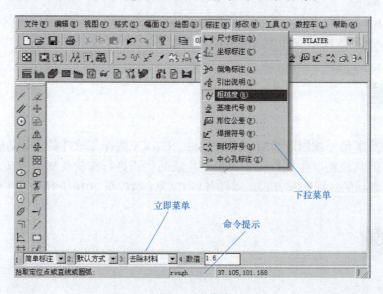

图 2-19　主菜单

（2）立即菜单　立即菜单描述了该项命令执行的各种情况和使用条件。例如，启动直线命令，界面左下角会打开立即菜单选项，如图 2-20 所示。

（3）工具菜单　工具菜单包括工具点菜单、拾取元素菜单。

（4）弹出菜单　弹出菜单是当前命令状态下的子命令，通过空格键弹出，如图 2-21 所示。

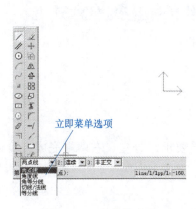

图 2-20　立即菜单选项

图 2-21　弹出菜单

3. 状态栏

状态栏具有当前状态的显示功能，它包括界面状态显示、操作信息提示、当前工具点设置及拾取状态显示等。

2.4.2　常用工具栏

1. 绘图工具栏

绘图工具栏功能包括直线、平行线、圆、圆弧、样条曲线、点、椭圆、矩形、多边形、中心线、等距线、公式曲线、剖面线、填充、文字、块生成、提取图符、技术要求库、构件库，如图 2-22 所示。

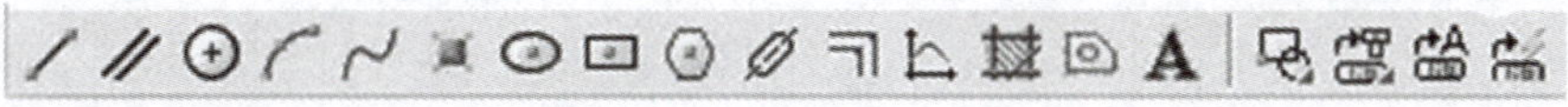

图 2-22　绘图工具栏

2. 编辑工具栏

编辑工具栏功能包括删除、平移、复制、镜像、旋转、阵列、缩放、裁剪、过渡、齐边、延伸、打断、打散、改变线性、改变颜色、移动层、标注编辑、尺寸驱动、格式刷，如图 2-23 所示。

图 2-23　编辑工具栏

3. 加工工具栏

加工工具栏按功能分为四组，第一组加工策略，有轮廓粗车、轮廓精车、切槽、钻中心孔、车螺纹、螺纹固定循环、异形螺纹加工；第二组为车铣复合中心铣削功能，有等截面粗加工、等截面精加工、径向 G01 钻孔、端面 G01 钻孔、埋入式键槽加工、埋入式键槽加工；第三组功能有代码生成、查看代码、代码反读、参数修改、轨迹仿真；第四组功能有刀具库管理、浏览代码、后置设置、轨迹管理，如图 2-24 所示。

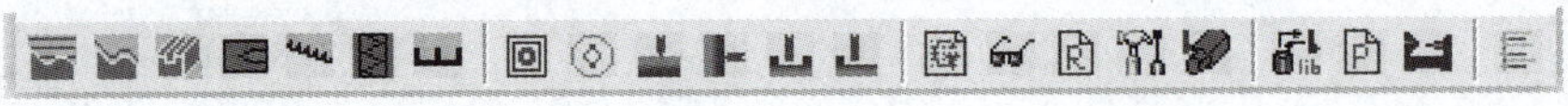

图 2-24　加工工具栏

任务实施

仿真加工如图 2-1 所示台阶轴零件，按加工工艺要求，分左、右两端完成台阶轴零件的加工建模，生成加工程序。

1. 加工建模

（1）加工工艺

1）加工左端，毛坯伸出自定心卡盘 35mm 长装夹。平端面，车外圆 $\phi24mm$ 长 26mm。

2）工件调头，以 $\phi24mm$ 外圆表面定位，工件伸出自定心卡盘 60mm 长装夹。保证总长 80mm，车 R6mm、$\phi16mm$、$\phi20mm$ 以及 C1 倒角和 R2mm 过渡圆弧等右端外形面。

（2）台阶轴建模　使用绘图工具栏中的直线命令、等距线命令、圆弧命令、过渡命令和裁剪命令等完成模型绘制，如图 2-25 所示。

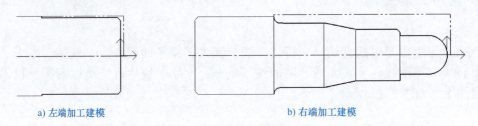

a) 左端加工建模　　　　　　　　b) 右端加工建模

图 2-25　加工建模

2. 机床信息配置

机床信息配置主要包括刀具库设置、后置设置和机床设置。

（1）刀具库设置　在刀具库管理中，使用"增加刀具"功能创建所需的刀具。根据加工工艺要求，1 号刀为 93°外圆车刀，刀具参数如图 2-26 所示。

（2）后置设置和机床设置　需要根据现场条件选择数控系统，并改变相关设置。系统不同 G 代码也有差异，不同的机床辅助代码和开关均有所不同。后置设置如图 2-27 所示。机床设置如图 2-28 所示。

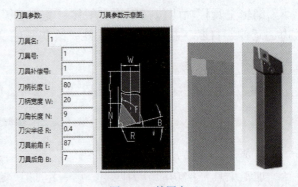

图 2-26　外圆车刀

图 2-27 后置设置

图 2-28 机床设置

3. 台阶轴仿真加工

（1）左端轮廓粗车　根据加工工艺要求，选择加工表面、加工方式、切削参数，选择刀具，设置切削用量，设置进退刀方式。

"加工精度"选项卡中，"加工表面类型"选择"外轮廓"；"加工方式"选择"行切方式"；按加工工艺要求，"切削行距"设置为"1mm"，给精车留 0.2mm 余量；加工表面没有下凹等形状，故"加工角度"设置为"180°"；由于选择 93°外圆车刀，所以主偏角干涉角度应小于 3°，故"主偏角干涉角度"设置为"2°"；刀片两刃夹角为 80°，因此副偏角干涉角度应小于 7°，故"副偏角干涉角度"设置为"5°"是合理的；"刀尖半径补偿"选择"编程时考虑半径补偿"，如图 2-29 所示。

"进退刀方式"选项卡中，选择"垂直"进退刀，如图 2-30 所示。

"切削用量"选项卡中，按加工工艺要求，"主轴转速选项"选择"恒转速"，"主轴转速"设置为"600r/min"；"进刀量"设置为"0.2mm/r"；允许快速进退刀，如图 2-31 所示。

"轮廓车刀"选项卡中，选择 93°外圆车刀，如图 2-32 所示。图中示意刀具副切削刃与水平线之间的夹角为刀具副偏角 B=7°，图中 F=87°，两刃夹角为 87°-7°=80°，主切削刃与零件轴线的夹角，即 180°-87°=93°。

图 2-29 "加工精度"选项卡设置

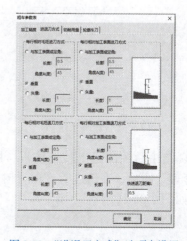

图 2-30 "进退刀方式"选项卡设置

"粗车参数表"对话框设置结束后,单击"确定"按钮,系统提示拾取工件轮廓,在左下角立即菜单中选择单个拾取,依次拾取工件轮廓,右击确认结束拾取,如图2-33所示。系统提示拾取毛坯轮廓,在左下角立即菜单中选择单个拾取,依次拾取毛坯轮廓,右击确认结束拾取,如图2-34所示。

毛坯轮廓拾取结束后,系统提示输入进退刀点,在毛坯轮廓右上交点以外任意位置单击一点完成。粗车刀具轨迹线生成,如图2-35所示。如果想要更具体的进退刀位置,可以输入点坐标或提前做辅助点。

在数控车工具栏中单击"轨迹仿真"图标,在立即菜单中选择动态仿真。拾取刀具轨迹,右击确认结束拾取。系统弹出仿真控制条,单击"开始"按钮开始仿真,如图2-36所示,图中菱形表示轮廓车刀。

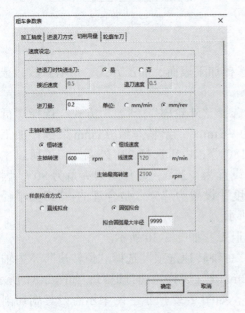

图 2-31 "切削用量"选项卡设置

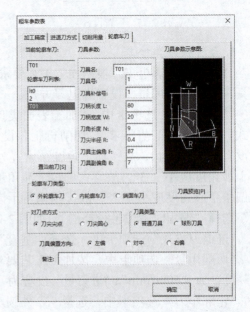

图 2-32 "轮廓车刀"选项卡设置

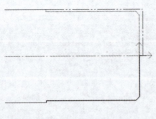

图 2-33 拾取工件轮廓

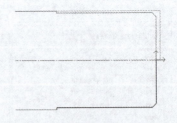

图 2-34 拾取毛坯轮廓

仿真结束后关闭退出轨迹仿真,隐藏粗车刀具轨迹线。在"数控车"工具栏中单击"轨迹管理"图标,在轨迹管理项目树中选择"轮廓粗车"项目,然后右击,选择"隐藏"命令,如图2-37所示。

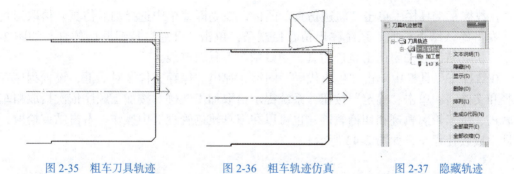

图 2-35 粗车刀具轨迹　　　图 2-36 粗车轨迹仿真　　　图 2-37 隐藏轨迹

（2）左端轮廓精车　根据加工工艺要求，把"加工参数"选项卡中的加工余量设为0，如图 2-38 所示；在"切削用量"选项卡中，"主轴转速"设置为"1200r/min"，"进刀量"设置为"0.08mm/r"，如图 2-39 所示；选择 2 号刀具，即 55° 轮廓车刀。其余设置和粗车相同。

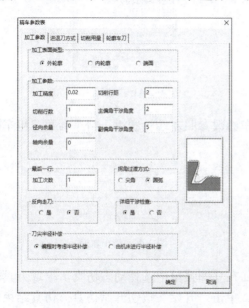

图 2-38 "加工参数"选项卡设置　　　　　　图 2-39 "切削用量"选项卡设置

"精车参数表"对话框设置结束后，单击"确定"按钮，系统提示拾取工件轮廓，在左下角立即菜单中选择单个拾取，依次拾取工件轮廓，右击确认结束拾取，如图 2-40 所示。系统提示输入进退刀点，在毛坯轮廓右上交点以外任意位置单击一点完成，精车刀具轨迹线生成，如图 2-41 所示。

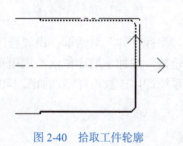
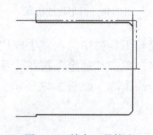

图 2-40 拾取工件轮廓　　　　　　　　图 2-41 精车刀具轨迹

在数控车工具栏中单击"轨迹仿真"图标,在立即菜单中选择动态仿真。拾取刀具轨迹,右击确认结束拾取。系统弹出仿真控制条,单击"开始"按钮开始仿真,如图2-42所示。仿真结束后关闭退出轨迹仿真,隐藏精车刀具轨迹线。

在数控车工具栏中单击"生成代码"图标,弹出"保存文件"对话框,设置程序存储路径和文件名。单击"确定"按钮,系统提示拾取加工轨迹。按加工顺序依次拾取粗车轮廓轨迹、精车轮廓轨迹和切槽轨迹;也可以在刀具轨迹管理器中操作。右击结束拾取,系统即生成数控程序,如图2-43所示。

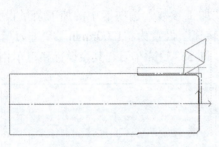

图2-42 精车轨迹仿真

图2-43 数控程序

(3)右端轮廓粗、精车　右端轮廓粗、精车参数参照左端轮廓粗、精车参数。粗车轨迹如图2-44所示,精车轨迹如图2-45所示。

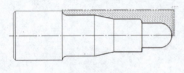

图2-44 粗车轨迹

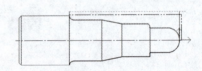

图2-45 精车轨迹

在数控车工具栏中单击"轨迹仿真"图标,在立即菜单中选择动态仿真。拾取刀具轨迹,右击确认结束拾取。系统弹出仿真控制条,单击"开始"按钮开始仿真。仿真结束后关闭退出轨迹仿真。粗车轨迹仿真如图2-46所示。精车轨迹仿真如图2-47所示。

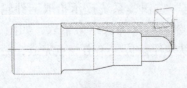

图2-46 粗车轨迹仿真

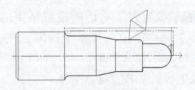

图2-47 精车轨迹仿真

在数控车工具栏中单击"生成代码"图标,弹出"保存文件"对话框,设置程序存储路径和文件名。单击"确定"按钮,系统提示拾取加工轨迹。按加工顺序依次拾取粗车轮廓轨迹和精车轮廓轨迹,如图2-48所示,右击结束拾取,系统即生成数控程序,如图2-49所示。

项目 2 数控车床编程与加工

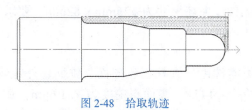

图 2-48 拾取轨迹

图 2-49 数控程序

任务 2.5 螺纹轴零件的编程与加工

- 知识目标
1. 合理制订加工工艺。
2. 合理选用加工编程指令。
- 能力目标
1. 能根据实际情况制订加工工艺。
2. 能根据工艺编制合格加工程序。

典型轴类零件编程加工

任务引入

轴类零件一般带有典型结构，如外圆面、槽、螺纹。尺寸较小的轴类零件一般选用长轴毛坯料，在加工中进行切断。螺纹轴零件如图 2-50 所示。

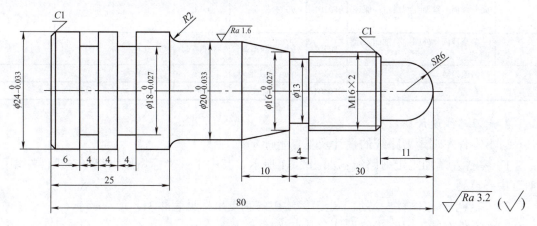

图 2-50 螺纹轴

65

任务实施

加工如图 2-50 所示螺纹轴零件,材料为 2A12,毛坯尺寸为 $\phi25\text{mm} \times 82\text{mm}$。要求编制加工工艺、设计走刀路线,并编写零件的加工程序。

1. 工艺设计

(1) 零件图工艺分析 图 2-50 所示的轴类零件由外圆柱面、球面、锥面、外螺纹、外沟槽以及倒角和倒圆角构成,外圆尺寸公差等级为 IT8,表面粗糙度为 $Ra1.6\mu\text{m}$,在一次装夹中需要进行端面和外圆面的粗、精加工以及切槽和螺纹的加工,零件需要调头进行加工。

(2) 加工工艺制订

1) 加工设备:选用 FANUC CKA6136 数控车床进行车削。

2) 毛坯:材料为 2A12,规格为 $\phi25\text{mm} \times 82\text{mm}$。

3) 装夹方式选择:采用自定心卡盘装夹。

4) 加工刀具:T0101 为 90° 外圆粗车刀,T0202 为 93° 外圆精车刀,T0303 为刀宽 4mm 的外切槽刀,T0404 为机夹 60° 外螺纹刀。

5) 数控加工工序卡:见表 2-30。

表 2-30 数控加工工序卡

工序号	程序编号		夹具名称		使用设备		车间
			自定心卡盘		CKA6136		
工步号	工步内容	刀具号	刀具规格	主轴转速/(r/min)	进给速度/(mm/min)	背吃刀量/mm	备注
1	粗车左端面、外圆面、倒角	T0101	90° 外圆车刀	600	0.2	1	
2	精车外圆面、倒角	T0202	93° 外圆车刀	1000	0.1	0.5	
3	切槽	T0303	4mm 宽切槽刀	500	0.1		
4	调头装夹,粗车右端面、外圆面、球面、锥面及倒圆角,保证总长	T0101	90° 外圆车刀	600	0.2	1	
5	精车球面、外圆面、锥面及倒圆角	T0202	93° 外圆车刀	1000	0.1	0.5	
6	切退刀槽	T0303	4mm 宽切槽刀	500	0.1	1	
7	车螺纹	T0404	60° 外螺纹刀	500	2	分层	

2. 走刀路线设计

(1) 零件左端走刀路线的设计及基点坐标

1) 零件左端加工走刀路线:如图 2-51 所示,其中工件坐标系原点建立在工件左端面对称中心点处。

2) 基点坐标:零件左端加工走刀路线中各基点坐标见表 2-31。

(2) 零件右端走刀路线的设计及基点坐标

1) 零件右端加工走刀路线:如图 2-52 所示,其中工件坐标系原点建立在工件右端面对称中心点处。

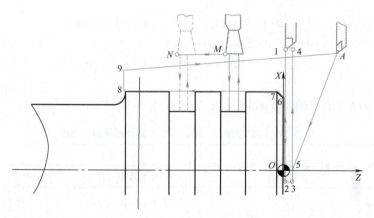

图 2-51 零件左端加工走刀路线

表 2-31 零件左端加工走刀路线中各基点坐标 （单位：mm）

坐标	基点											
	A	M	O	1	2	3	4	5	6	7	8	9
X	100	28	0	30	−1	−1	30	0	22	24	24	30
Z	100	−10	0	0	0	2	2	3	0	−1	−26	−26

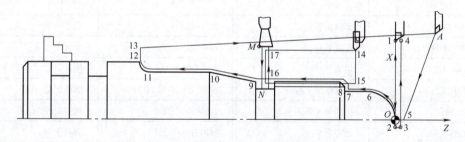

图 2-52 零件右端加工走刀路线

2）基点坐标：零件右端加工走刀路线中各基点坐标见表 2-32。

表 2-32 零件右端加工走刀路线中各基点坐标 （单位：mm）

坐标	基点										
	A	M	N	O	1	2	3	4	5	6	7
X	100	30	13	0	30	−1	−1	30	0	12	12
Z	100	−30	−30	0	0	0	2	2	3	−6	−11
坐标	基点										
	8	9	10	11	12	13	14	15	16	17	
X	16	16	20	20	24	30	30	13.4	13.4	30	
Z	−11	−30	−40	−53	−55	−55	−9	−28	−28	−28	

3. 零件的编程加工

（1）编程计算 M16×2 外螺纹的相关参数如下：

1）螺纹大径（公称直径）：d=16mm。

2）螺纹加工前外圆直径：$d_{轴}$=d−0.2mm=16mm−0.2mm=15.8mm。

3）螺纹加工小径：$d_{轴1}=d-1.3P=16mm-1.3×2mm=13.4mm$。

4）螺纹的牙深：$h=0.65P=0.65×2mm=1.3mm$。

5）螺纹加工背吃刀量分别为 0.9mm、0.6mm、0.6mm、0.4mm、0.1mm，也可以根据经验选取。

（2）参考程序　螺纹轴加工程序见表 2-33 和表 2-34。

表 2-33　粗车左端面，粗、精车左端外圆面加工程序

参考程序	说明	参考程序	说明
O0001；	主程序名	N160 G00 X0 Z3；	定位至 5 点
N10 T0101 M03 S600；	调用 1 号刀具，建立工件坐标系	N170 G70 P80 Q130	精加工循环指令
N20 G00 X30 Z0；	快速定位 1 点	N180 G00 X100 Z100；	退刀
N30 G01 X-1 Z0 F0.1；	平端面至 2 点	N190 T0303 M03 S500；	换 3 号切槽刀
N40 G01 Z2 F0.1；	退刀至 3 点	N200 G00 X30 Z-2；	定位
N50 G00 X30；	退刀至 4 点（定义循环起点）	N210 G98 P0020 L02；	调用 0020 号子程序两次
N60 G71 U1 R0.5；	外径粗车循环，背吃刀量 1mm，退刀量 0.5mm	N220 G00 X100 Z100；	刀具返回到换刀点
N70 G71 P80 Q130 U1 W0.5 F0.2；	循环从 N80 开始到 N130 结束	N230 M05；	主轴停转
N80 G00 X0；	定位至 X0	N240 M30；	程序结束
N90 G01 Z0 F0.1；	定位至 O 点	O0020；	子程序名
N100 G01 X22；	切削至 6 点	N10 G00 W-8；	快速定位
N110 G01 X24 Z-1；	倒直角至 7 点	N20 G01 U-12 F0.1；	切槽加工
N120 Z-26；	切削至 8 点	N30 G04 U2；	槽底暂停 2s
N130 G01 X30；	退刀至 9 点	N40 G01 U12；	刀具返回
N140 G00 X100 Z100；	退刀至换刀 A 点	N50 M99；	子程序结束，返回到主程序
N150 T0202 M03 S1000；	换 2 号刀		

表 2-34　粗车右端面，粗、精车右端外圆面加工程序

参考程序	说明	参考程序	说明
O0002；	程序名	N80 G00 X0；	定位至 X0
N10 T0101 M03 S600；	调用 1 号刀具，建立工件坐标系	N90 G01 Z0 F0.1；	定位至 Z0
N20 G00 X30 Z0；	快速定位 1 点	N100 G03 X12 Z-6 R6；	加工球面至 6 点
N30 G01 X-1 Z0 F0.1；	平端面至 2 点	N110 G01 X12 Z-11；	车削至 7 点
N40 G01 Z2 F0.1；	退刀至 3 点	N120 G01 X15.8 C1；	倒角 C1 至 8 点，预制螺纹轴
N50 G00 X30；	退刀至 4 点（定义循环起点）	N130 G01 Z-30；	车削至 9 点
N60 G71 U1 R0.5；	外径粗车循环，背吃刀量 1mm，退刀量 0.5mm	N140 G01 X20 Z-40；	车锥面至 10 点
N70 G71 P80 Q170 U1 W0.5 F0.2；	循环从 N80 开始到 N170 结束	N150 Z-53；	车外圆面 ϕ20mm 至 11 点

(续)

参考程序	说明	参考程序	说明
N160 G03 X24 Z-55 R2;	切圆弧面（倒圆角 R2mm）	N280 G00 X100 Z100;	退刀至换刀点
N170 X30;	退刀至 13 点	N290 T0404 M03 S500;	调用 4 号刀，主轴正转，转速 500r/min
N180 G00 X100 Z100;	退刀至换刀点	N300 G00 X30 Z-9;	快速定位循环起点至 14 点
N190 T0202 M03 S1000;	换 2 号刀	N310 G92 X15.1 Z-28 F2;	螺纹车削循环指令，车第 1 刀
N200 G00 X0 Z3;	定位至 5 点	N320 X14.5;	第 2 刀
N210 G70 P70 Q170;	精加工循环指令	N330 X13.9;	第 3 刀
N220 G00 X100 Z100;	退刀至换刀点	N340 X13.5;	第 4 刀
N230 T0303 M03 S500;	换 3 号切槽刀，主轴正转，转速 500r/min	N350 X13.4;	第 5 刀
N240 G00 X30 Z-30;	以左刀尖为对刀点，定位至 M 点	N360 G00 X100 Z100;	刀具返回到换刀点
N250 G01 X13 F0.1;	切削至槽底（N 点）	N370 M05;	主轴停转
N260 G04 U2;	槽底暂停 2s	N380 M30;	程序结束
N270 G01 X30;	返回至 M 点		

谆谆寄语

宝剑锋从磨砺出，梅花香自苦寒来！

思考与练习

一、选择题

1. 夹具中的（　　）装置，用于保证工件在夹具中的位置正确。
 A. 定位元件　　　B. 辅助元件　　　C. 夹紧元件　　　D. 其他元件

2. 轴类零件的淬火热处理工序应安排在（　　）。
 A. 粗加工前　　　　　　　　B. 粗加工后，精加工前
 C. 精加工后　　　　　　　　D. 渗碳后

3. 工件材料相同时，车削温度上升基本相同，其热变形伸长量主要取决于（　　）。
 A. 工件的长度　　　　　　　B. 材料的热膨胀系数
 C. 刀具磨损　　　　　　　　D. 其他

4. 在 FANUC 数控系统中，（　　）指令适用于对工件进行径向切槽，能够实现宽槽和多槽的加工以及进行深槽的断屑加工，且能够简化编程。
 A. G71　　　　　B. G72　　　　　C. G73　　　　　D. G75

5. 在程序中含有某些固定程序或重复出现的区域时，这些程序或区域可作为（　　）存入存储器，反复调用以简化程序。

A. 主程序　　　　B. 子程序　　　　C. 程序　　　　D. 调用程序
6. 车削时，走刀次数取决于（　　）。
A. 切削深度　　　B. 进给量　　　　C. 进给速度　　　D. 主轴转速
7. 粗加工较长轴类零件时，为了提高工件装夹刚性，其定位基准可采用轴的（　　）。
A. 外圆表面　　　B. 两端面　　　　C. 一侧端面和外圆表面　　　D. 内孔
8. 操作人员根据加工零件图样选定的编制零件程序的原点是（　　）。
A. 机床原点　　　B. 编程原点　　　C. 加工原点　　　D. 刀具原点
9. 精加工时，切削速度选择的主要依据是（　　）。
A. 刀具寿命　　　B. 加工表面质量　C. 工件材料　　　D. 主轴转速
10. 对窄槽零件加工的特点描述不正确的是（　　）。
A. 窄槽加工条件比较好，有利于排屑
B. 刀尖要承受较高的切削温度和较大的切削力，排屑较困难
C. 在加工中槽宽和槽深小于 5mm 的槽通常为浅窄槽
D. 常使用 G04 指令用于槽底或孔底的修光加工

二、判断题
1. 所谓非模态指令指的是在本程序段有效，不能延续到下一段指令。（　　）
2. 加工同轴度要求高的轴类工件时，用双顶尖的装夹方法。（　　）
3. 零件的表面粗糙度值越小，疲劳强度越高。（　　）
4. 一个主程序中只能有一个子程序。（　　）
5. 切槽时，切削刃宽度、主轴转速 n 和进给速度 f 都不宜过大，否则刀具所受切削力过大，影响刀具寿命。（　　）
6. 数控机床加工切削用量选择原则是：粗加工时，以提高生产率为主，兼顾经济性和加工成本；精加工时，保证加工精度和表面粗糙度，兼顾切削效率和经济性。（　　）
7. 使用 G73 切削循环指令时，零件沿 X 轴的外形必须是单调递增或单调递减的。（　　）
8. 加工单件时，为保证较高的几何精度，在一次装夹中完成全部加工为宜。（　　）
9. 万能角度尺只是测量角度的一种角度量具。（　　）
10. 在机械加工中，采用设计基准作为定位基准称为符合基准统一原则。（　　）

三、简答题
1. 何谓机床坐标系和工件坐标系？其主要区别是什么？
2. 数控车削刀具有哪些类型？它们的用途是什么？
3. 选择机夹可转位车刀应考虑哪些因素？
4. 数控加工工艺的特点与内容有哪些？
5. 数控加工切削用量选择原则是什么？它们各与哪些因素有关？应如何进行确定？
6. 数控加工工序的划分有几种方式？
7. 数控刀具补偿有何作用？有哪些补偿指令？
8. 简述 G71、G72 和 G73 指令各自走刀路线的特点。它们各适用于哪些场合？
9. 在数控车床两顶尖上车光轴，试分别示意画出由于两顶尖刚度不足和工件刚度不足时，加工工件的形状误差，并简述其原因。

项目 3

加工中心编程与加工

- **知识目标**
1. 掌握加工中心的操作方法。
2. 掌握轮廓铣削、孔加工的编程方法。
- **能力目标**
1. 能熟练操作加工中心。
2. 能熟练编写铣削类零件的数控程序。
- **素质目标**
1. 培养开拓创新精神。
2. 培养分析问题、解决问题的能力。

项目引入

加工中心是带刀库和自动换刀装置的镗铣类数控机床,可实现多轴联动,进行平面、曲面、孔等结构的加工。加工中心提供了不同于数控车床的补偿方法以及孔加工循环指令,合理使用这些方法和指令,可提高加工质量及加工效率。

任务 3.1 加工中心的认识与操作

- **知识目标**
1. 认识加工中心结构。
2. 掌握加工中心的操作方法。
- **能力目标**
1. 能熟练操作加工中心。
2. 能用加工中心进行自动加工。

任务引入

加工中心是常见的铣削类机床,可以实现轮廓、平面、曲面以及孔等结构的加工。

图 3-1 所示为简单铣削件，根据加工工艺及已知程序实现简单铣削件的数控加工。

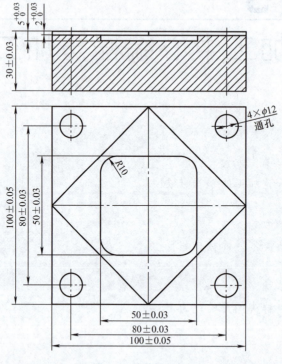

图 3-1 简单铣削件

知识准备

3.1.1 加工中心结构的认识

1. 加工中心的主要技术参数

加工中心的主要技术参数见表 3-1。

表 3-1 加工中心的主要技术参数

名称	参数	名称	参数
机床型号	FALCON-2033VMC	主轴转速	80～8000r/min
数控系统	FANUC 0i MC	X、Y 轴快移速度	20m/min
工作台尺寸	1000mm×500mm	Z 轴快移速度	18m/min
工作台左右行程（X向）	850mm	主电动机功率	25kW
工作台前后行程（Y向）	510mm	刀柄锥度	BT40
主轴箱上下行程（Z向）	510mm	定位精度	±0.005mm
工作台最大承载质量	300kg	重复定位精度	±0.003mm

2. 加工中心的组成

加工中心主要由工作台、主轴、刀库、换刀装置、数控系统、操作面板等部分组成，如图 3-2 所示。

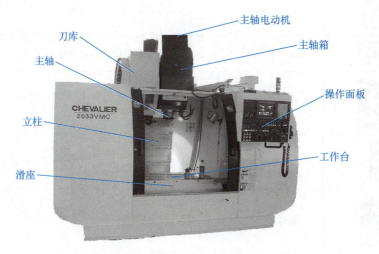

图 3-2　加工中心的组成

3.1.2　加工中心的面板认识与基本操作

1. 机床操作面板

FANUC 系统 VMC-850 立式加工中心机床操作面板如图 3-3 所示，各按键的功能及说明见表 3-2。

加工中心面板及基本操作

图 3-3　加工中心机床操作面板

表 3-2　加工中心机床操作面板按键的功能及说明

按键	名称	功能说明
	执行方式选择	从左至右分别是：单节、试运行、单节忽略
	执行方式选择	从左至右分别是：选择性停止、机床锁定、辅助功能锁定

（续）

按键	名称	功能说明
	执行方式选择	从左至右分别是：Z轴锁定、门互锁、系统启动
	系统上电、断电	绿色按键系统上电，红色按键系统断电
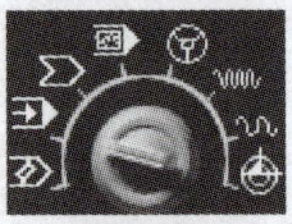	工作方式选择	从左至右分别是：编辑、自动、在线加工、MDI、手轮操作、手动操作、快速移动方式、回零模式
	快速倍率	在快速方式下，通过此旋钮来调节快速移动的倍率
	主轴倍率	调节主轴转速
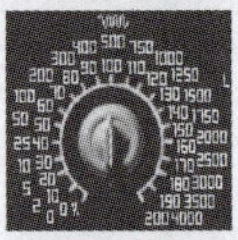	进给倍率	调节进给速度
	循环起动、停止	绿色按键是循环起动，红色按键是循环停止
	主轴控制按钮	从左至右分别为：正转、停止、反转
	急停	紧急停止机床
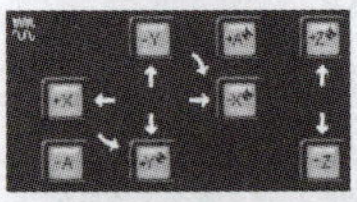	方向键	手动、快速操作时，控制X、Y、Z、A轴的正、负方向移动
	切削液控制与吹屑	从左至右分别为：开启切削液，关闭切削液，吹屑
	排屑器起动/停止、极限解除、机床钥匙锁	排屑器用于机床内部切屑的清运；极限解除用于各轴超程时的解除；机床钥匙锁用于机床工作时的保护，外人不能操作机床

2. 加工中心的基本操作

（1）开机操作

1）将机床后右侧的电源开关拧到"ON"位置，接通总电源。

2）按下操作面板上的"系统上电"绿色按钮。

3）等待 CRT 显示屏出现正常操作界面后，屏幕会出现 PMC 报警，并且面板上的报警灯（红色）在闪烁，此时应顺时针旋开"急停"。

（2）关机操作

1）检查机床各轴是否处于中间位置。

2）清扫机床工作台上的切屑，并整理工具。

3）按下急停开关。

4）关闭系统电源并关闭机床总电源。

（3）返回参考点　工作方式选择开关置于"回零模式"，按下"循环起动"按钮，相应的参考轴指示灯亮，则表示该轴返回参考点已完成。

注意：返回参考点时先返回 Z 轴，再返回 X 轴、Y 轴。当 X、Y、Z 三轴实际位置小于绝对值 100mm 时，则 X、Y、Z 三轴按相反按键直到满足要求再按"循环起动"。返回参考点时的速度与机床操作面板上的快速倍率有关。

（4）手动、手轮操作

1）功能：在手动操作模式中，可以移动机床各轴。

2）操作步骤：

①选择手动操作模式，按方向键可以移动三轴，这时移动速度由倍率旋钮控制。

②选择快速移动模式，三轴分别快速移动，移动速度可以由快速移动倍率旋钮控制。

③选择手轮操作模式，使用手轮坐标选择旋钮打开要移动的坐标轴，并使用手轮倍率调节旋钮调整要移动的倍率（×1 倍率每格代表 0.001mm，×10 倍率每格代表 0.01mm，×100 倍率每格代表 0.1mm）。

（5）MDI 模式（手动输入）

1）功能：在"MDI"模式下可以编制一个短小零件程序段加以执行。

2）操作步骤：

①选择机床操作面板上的"MDI"模式。

②通过操作面板输入程序段。

③按下"循环起动"按钮，执行已输入的程序（注：执行前必须确认机床已返回参考点，且程序正确无误）。

3.1.3　加工中心机床坐标系

标准的机床坐标系是一个右手笛卡儿直角坐标系。

1. 机床坐标系

用机床零点作为原点设置的坐标系称为机床坐标系。机床坐标系的原点是指在机床上设置的一个固定点，即机床坐标系的原点。它在机床装配、调试时就已确定下来了，是数控机床进行加工运动的基准参考点。

加工中心机床坐标系

2. 工件坐标系

在工件坐标系上，确定工件轮廓编程和计算的原点，称为工件坐标系原点，简称为工件原点，也称编程零点。编程零点的选择原则如下：

1）应使编程零点与工件的尺寸基准重合。

2）应使编制数控程序时的运算最为简单，避免出现尺寸链计算误差。

3）应使引起的加工误差最小。

此外，编程零点应选在容易找正和在加工过程中便于测量的位置。

3. 绝对坐标系

用户可建立绝对坐标系。它的原点可以设置在任意位置，而它的原点以机床坐标值显示。

4. 相对坐标系

相对坐标系把当前的机床位置当作原点，在需要以相对值指定机床位置时使用。

5. 参考点

参考点是机床上的一个固定点，每台机床可以有一个参考点，也可以根据需要设置多个参考点，用于刀具自动交换（ATC）或自动托盘交换（APC）。

3.1.4 加工中心的装刀

1. 刀具安装

（1）弹簧夹头刀柄

1）将刀柄放入卸刀座并卡紧，如图 3-4 所示。

2）根据刀具直径尺寸选择相应的卡簧，清洁工作表面，如图 3-5 所示。

3）将卡簧压入锁紧螺母，如图 3-6 所示。

图 3-4 刀柄的安装

图 3-5 卡簧清洁

图 3-6 卡簧的安装

4）把卡簧装入刀柄中，并将圆柱柄铣刀装入卡簧孔中，根据加工深度控制铣刀伸出长度，必要时使用游标卡尺测量露出卡簧的刀具的长度，如图 3-7 所示。

5）用扳手顺时针锁紧螺母并检查，如图 3-8 所示。

图 3-7 刀具的安装

图 3-8 刀具的锁紧

注意：当铣刀直径小于 16mm 时，一般可使用普通 ER 弹簧夹头刀柄夹持；当铣刀直径大于 16mm 或切削力很大时，应采用侧固式刀柄、强力弹簧夹头刀柄或液压夹头刀柄夹持。

（2）面铣刀刀柄

1）将刀柄装入卸刀座，如图 3-9 所示。

2）旋下刀柄端部螺母，如图 3-10 所示。

3）清洁刀柄和铣刀盘装夹表面，如图 3-11 所示。

4）将铣刀盘装上刀柄，使铣刀盘的缺口正对刀柄的端面键，旋紧螺母并检查，如图 3-12 所示。

注意：刀柄与面铣刀盘配套使用。

图 3-9　刀柄装入卸刀座　　图 3-10　刀柄螺母拆卸　　图 3-11　刀柄和铣刀盘清洁　　图 3-12　铣刀盘安装

（3）钻夹头刀柄

1）将刀柄装入卸刀座，如图 3-13 所示。

2）旋开夹头，清洁刀柄和钻头装夹表面，使钻头可装入，如图 3-14 所示。

3）将钻头放入夹头，旋紧夹头并检查，如图 3-15 所示。一般钻夹头刀柄有整体式和分离式两种，用于装夹直径在 13mm 以下的中心钻、直柄麻花钻等刀具。

图 3-13　刀柄装入卸刀座　　图 3-14　刀柄和钻头的清洁　　图 3-15　钻头装入夹头

2. **刀库装刀**

（1）手动换刀

1）确认刀具和刀柄的重量不超过机床规定的最大许用重量。

2）清洁刀柄锥面和主轴锥孔，主轴锥孔可使用主轴专用清洁棒擦拭干净，如图 3-16 所示。

3）左手握住刀柄，将刀柄的缺口对准主轴端面键，垂直伸入主轴内，不可倾斜，如图 3-17 所示。

图 3-16 清洁锥柄表面

图 3-17 刀柄装入主轴

4）右手按换刀按钮，压缩空气从主轴内吹出以清洁主轴和刀柄，按住此按钮，直到刀柄锥面与主轴锥孔完全贴合，放开按钮，刀柄即被拉紧。

5）确认刀具确实被拉紧后才能松手。

6）卸刀柄时，操作步骤如下：

① 用左手握住刀柄。

② 用右手按住换刀按钮（否则刀具从主轴内掉下会损坏刀具、工件和夹具等）。

③ 取下刀柄。

注意：卸刀柄时，必须要有足够的动作空间，刀柄不能与工作台上的工件、夹具发生干涉。

（2）自动换刀

1）盘式刀库。常见盘式刀库有斗笠式换刀刀库和刀臂式换刀刀库。

① 斗笠式换刀刀库。如图 3-18 所示，斗笠式换刀刀库换刀速度慢，不能实现任意选刀，即刀具号和刀位号一致。

② 刀臂式换刀刀库。如图 3-19 所示，刀臂式换刀刀库换刀速度快，可以任意选刀，即刀具号和刀位号不一定一致，在换刀时应注意输入刀具号而不是刀位号。

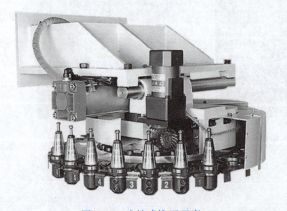

图 3-18 斗笠式换刀刀库

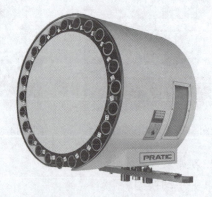

图 3-19 刀臂式换刀刀库

2）换刀步骤及程序。

① 换刀前检查机床是否已回参考点，检查气压是否充足。

② 在 MDI 方式下输入正确的刀具号及换刀指令，如"T01 M06"。此外，主轴上的刀具号不能与所换刀具号重复，否则会有撞刀危险。

③按"循环启动"按键进行换刀。该方式换刀简单，但是在换刀过程中不能中断整个换刀过程，否则会发生故障。

3）注意事项：

①卸刀柄时，必须要有足够的动作空间，刀柄不能与工作台上的工件、夹具发生干涉。

②换刀过程中严禁主轴运转。

③安装刀柄过程中，不能手握切削刃，以防刀具伤手。

④刀柄与锥孔一定要保持干净。

⑤安装过程中一定要防止刀具跌落，安装到位后再松手。

⑥刀具安装后，要习惯性地检查并确保刀具安装牢固。

3. 机外预调仪的使用

如果加工中心要用到多把刀具，则宜采用精密对刀仪，如机外预调仪（图3-20）。使用时，先接通机外预调仪的电源，将机外预调仪的 X、Y 轴分别回零，将刀具放到刀座上，用移动把手移动光源发射器，观察切削刃在显示器上的投影，使切削刃对准显示器显示的十字中线，测量刀具的半径和长度，这样可以得到每把刀具半径值和计算出每把刀具的长度差，再做相应的处理后，输入加工中心的刀具补偿系统中即可。

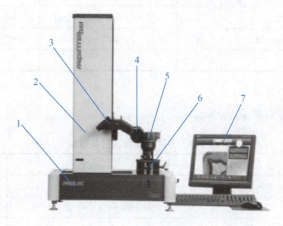

图3-20 机外预调仪

1—X向移动 2—Y向移动 3—移动把手 4—光源发射器 5—刀具 6—刀座 7—显示器

任务实施

加工如图3-1所示简单铣削件，提供加工工艺设计方案及加工程序，实现加工中心自动加工。

1. 零件图工艺分析

该零件主要尺寸为（30±0.03）mm、（50±0.03）mm、$2_0^{+0.03}$ mm 和 $5_0^{+0.03}$ mm，其余尺寸比较好控制。加工过程中 $2_0^{+0.03}$ mm 和 $5_0^{+0.03}$ mm 尺寸较难控制，需采用粗、精加工来保证。

总体加工过程是先铣 100mm×100mm 的正方形，保证加工精度；再加工 50mm×50mm 的正方形，保证加工精度；再加工菱形；然后钻 4×φ12mm 的孔；最后去毛刺。

2. 零件装夹方案的确定

该零件加工形状比较简单，对刀比较容易。装夹时，采用机用虎钳装夹，工件伸出钳口高度应大于加工高度。

3. 拟定加工工序

简单铣削件数控加工工序卡见表 3-3。

表 3-3 简单铣削件数控加工工序卡

加工工序			刀具与切削参数					备注
工序号	工步号	工步内容	刀具号	半径补偿号	刀具规格	主轴转速/(r/min)	进给速度/(mm/min)	
1	1	铣上表面	T01		φ12mm 键槽铣刀	1200		
2	1	铣下表面	T01		φ12mm 键槽铣刀	1200		
3	1	铣 50mm×50mm 的正方形	T01	D01	φ12mm 键槽铣刀	1000	100	
	2	铣菱形	T01	D01	φ12mm 键槽铣刀	1000	100	
	3	钻中心孔	T02		φ3.5mm 中心钻	800	40	
	4	钻 φ12mm 通孔	T03		φ12mm 钻头	600	30	
4	1	去毛刺						

4. 刀具、辅具和量具清单

刀具、辅具和量具清单见表 3-4。

表 3-4 刀具、辅具和量具清单

类别	序号	名称	规格	数量	备注
夹具	1	精密机用虎钳	200mm×50mm	1台	
刀具	2	键槽铣刀	φ12mm	1把	
	3	中心钻	φ3.5mm	1把	
	4	钻头	φ12mm	1把	
刀柄	5	钻夹头铣刀柄	BT40-KPU-16	1把	
	6	弹簧夹头刀柄	BT40-ER32-100	1把	
工具	7	弹簧夹头	φ12mm	1个	
	8	整形锉		1把	
	9	木榔头		1把	
	10	等高垫铁	30mm×30mm×150mm	2块	
量具	11	数显卡尺	0～150mm	1把	

5. 加工中心程序的输入、编辑及调用

（1）程序的输入

1）按"PROG"键然后输入程序名（注：以 O 开头，后四位为数字，如 O0001）。

2)按"INSERT"键输入程序名(注:程序名为单独的一行必须用"EOB"结束符结束)。

3)用地址/数字键输入程序内容:键盘每一个键既包含字母又包含数字,每按一次将会出现不同的内容(数字或字母),输入时只需把编好的程序内容按顺序依次输入即可(注:程序输入完后系统将自动保存,程序每输入一句必须用结束符"EOB"来结束)。

(2)程序的编辑

1)使用"光标键"和"翻页键"查找要修改的程序段。

2)用"DELETE"键删除错误的程序内容,或输入正确的程序内容用"ALTER"(替换)键进行修改。

(3)程序的调用

1)按"PROG"键,然后输入程序名O0001。

2)按"光标键"向下键调用程序。

注意:以上所有关于程序的操作都需将方式选择开关置于程序编辑"EDIT"位置,面板钥匙置于解除位置。

6.加工程序

简单铣削件加工程序见表3-5~表3-8。

表3-5 铣50mm×50mm的正方形加工程序

加工程序	说明
O0001;	程序名
N098 T01 M06;	换刀
N100 G00 G90 G17 G40 G49 G80;	
N110 G00 G90 G54 X0 Y0 M03 S1000;	快速定位到X0、Y0
N120 G00 Z20;	快速定位到Z20
N130 G01 Z-3 F50;	刀具切入工件3mm
N140 G01 G41 D01 X25 Y0 F100;	刀具左补偿
N150 G01 X25 Y25 R10;	
N160 G01 X-25 Y25 R10;	
N170 G01 X-25 Y-25 R10;	
N180 G01 X25 Y-25 R10;	
N190 G01 X25 Y10;	刀具切出工件
N200 G01 Z20;	抬刀
N210 G40 X0 Y0;	取消刀补
N220 G00 Z150;	
N230 M05;	主轴停止
N240 M30;	程序结束

表 3-6 铣菱形加工程序

加工程序	说明
O0002;	程序名
N098 T01 M06;	换刀
N100 G00 G90 G17 G40 G49 G80;	
N110 G00 G90 G54 X0 Y0 M03 S1000;	快速定位到 X0、Y0
N120 G00 Z20;	快速定位到 Z20
N140 G00 G41 D01 X-10 Y-60;	刀具左补偿
N150 G01 Z-2 F50;	刀具切入工件 2mm
N160 G03 X0 Y-50 R10 F100;	
N170 G01 X-50 Y0;	
N180 G01 X0 Y50;	
N190 G01 X50 Y0;	
N192 G01 X0 Y-50;	
N194 G01 X10 Y-60;	刀具切出工件
N200 G01 Z20;	抬刀
N210 G40 X0 Y0;	取消刀补
N220 G00 Z150;	
N230 M05;	主轴停止
N240 M30;	程序结束

表 3-7 钻中心孔加工程序

加工程序	说明
O0003;	程序名
N098 T02 M06;	换刀
N100 G00 G90 G17 G40 G49 G80;	
N110 G00 G90 G54 X40 Y40 M03 S800;	快速定位到 X40、Y40
N120 G00 Z20;	快速定位到 Z20
N140 G98 G81 X40 Y40 Z-4 R5 F40;	调用钻孔循环
N150 X-40 Y40;	
N160 X-40 Y-40;	
N170 X40 Y-40;	
N180 G80;	取消钻孔循环
N190 G00 Z150;	抬刀
N200 M05;	主轴停止
N210 M30;	程序结束

表 3-8　钻 φ12mm 通孔加工程序

加工程序	说明
O0004;	程序名
N098 T03 M06;	换刀
N100 G00 G90 G17 G40 G49 G80;	
N110 G00 G90 G54 X40 Y40 M03 S600;	快速定位到 X40、Y40
N120 G00 Z20;	快速定位到 Z20
N140 G98 G81 X40 Y40 Z–35 R5 F30;	调用钻孔循环
N150 X–40 Y40;	
N160 X–40 Y–40;	
N170 X40 Y–40;	
N180 G80;	取消钻孔循环
N190 G00 Z150;	抬刀
N200 M05;	主轴停止
N210 M30;	程序结束

7. 对刀、设置零点偏置

1）按工艺要求装夹工件。

2）安装光电寻边器到主轴上。

3）起动主轴。若主轴已起动，直接在"HANDLE"或"JOG"方式下按"主轴正转"即可；否则在"MDI"方式下输入"M03 S600"，再按"循环启动"按键。

4）X 轴原点的确定：选择"HANDLE"方式→移动 X 轴到与工件的一边接触（此时光电寻边器上的指示灯点亮）→提刀→把 X 坐标清零→移动刀具到工件的另一边，使其与工件表面接触（此时光电寻边器上的指示灯点亮），再次提刀→把 X 的相对坐标值除以 2，使刀具移动 $X/2$ 位置，该点就是编程坐标系 X 轴的原点，如图 3-21 和图 3-22 所示。

图 3-21　寻边器找正 +X 方向

图 3-22　寻边器找正 –X 方向

5）Y 轴方向用相同的方法可找到原点，如图 3-23 和图 3-24 所示。

6）X、Y 轴原点的设定：X 轴和 Y 轴对刀完成后，在"综合坐标"界面（图 3-25）中查看并记下 X 轴、Y 轴的坐标值。按"OFFSET/SETTING"（补正/设置）键，进入参数设定界面（图 3-26）→按"坐标系"软键→把 X 轴、Y 轴的机械坐标值输入坐标系 G54～G59 中，分别按"X0 测量"、"Y0 测量"记录下 X 轴、Y 轴当前的位置。

图 3-23　寻边器找正 +Y 方向

图 3-24　寻边器找正 –Y 方向

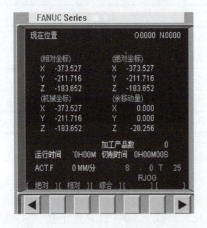
图 3-25　"综合坐标"界面

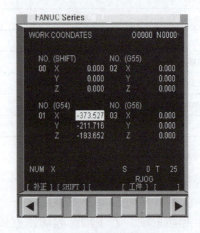
图 3-26　参数设定界面

7）Z 向对刀：换上铣刀，移动刀具使刀位点与 Z 轴设定器上表面接触，如图 3-27 所示。

8）Z 轴原点的设定：Z 向对刀完成后，在"综合坐标"界面（图 3-25）中查看并记下 Z 轴的坐标值。按"OFFSET/SETTING"（补正/设置）键，进入参数设定界面（图 3-26）→按"坐标系"软键→把 Z 轴的机械坐标值输入坐标系 G54～G59 中，按"Z0 测量"→Z 轴设定器的高度值按"输入"输入到先前测量的数值当中。

9）对刀完成后应把 Z 轴抬到一个安全高度，主轴停下。

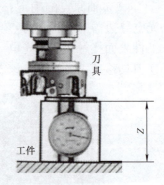
图 3-27　Z 向对刀

8. 工件加工

1）选择要运行的程序。

2）将方式开关置于"AUTO"位置。

3）按"PROG"键切换到程序检查界面。

4）打开"SINGLE BLOCK"（单程序段）开关。

5）确保光标处在程序开头，按"循环启动"按钮，此按钮灯亮，程序开始自动执行。

6）每执行完一段程序，须再次按下"循环启动"按钮，直到程序执行完毕。

任务 3.2　平面轮廓的编程与加工

- 知识目标
1. 认识数控铣削机床编程指令。
2. 掌握平面轮廓编程方法。
- 能力目标
1. 能熟练使用铣削机床编程指令。
2. 能灵活选用编程指令编程。

任务引入

平面、轮廓、槽、斜面是铣削中的常见结构,特别是轮廓的加工,有凸台外轮廓和型腔内轮廓。加工如图 3-28 所示平面轮廓零件,在加工中需要注意粗、精加工方式的走刀路线设计,避免出现过切和欠切现象。

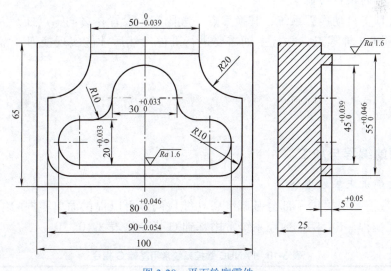

图 3-28　平面轮廓零件

知识准备

3.2.1　数控铣削编程基础

1. 数控铣削机床常用准备功能 G 代码

准备功能 G 代码是建立坐标平面、坐标系偏置、刀具与工件相对运动轨迹(插补功能）以及刀具补偿等多种加工操作方式的指令。FANUC 系统提供的准备功能指令为：G0（等效于 G00）～ G99，具体准备功能 G 代码见各任务环节。

2. 常用辅助功能 M 代码

辅助功能 M 代码主要用来设定数控机床电控装置单纯的开 / 关动作，以及控制加工程序的执行走向。常用辅助功能 M 代码及其功能见表 3-9。

表 3-9　常用辅助功能 M 代码及其功能

M 代码	功能	M 代码	功能
M00	程序停止	M09	切削液关闭
M01	程序选择性停止	M12	开整体防护罩门
M02	程序结束	M13	关整体防护罩门
M03	主轴正转	M19	主轴定向
M04	主轴反转	M30	程序结束，返回开头
M05	主轴停止	M60	交换工作台
M06	刀具交换	M98	调用子程序
M08	切削液开启	M99	子程序结束

3. 加工中心的换刀功能

加工中心具备自动换刀系统，其换刀点一般固定，设置在 Z 向零点处，因此在换刀前主轴首先返回到 Z 轴零点，并且主轴需要进行准停，然后才能实现换刀。常用换刀程序如下：

```
G28 Z__;
T×× M06;
```

3.2.2　直槽的编程与加工

1. 数控铣削机床基础指令

FANUC 数控系统提供了部分基础准备功能代码，可以提供简单零件的编程，或用于零件的精加工编程。FANUC 数控系统常用基础 G 指令见表 3-10。

表 3-10　FANUC 数控系统常用基础 G 指令

序号	指令	格式	功能说明	备注
1	G20	G20;	英制尺寸输入	
2	G21	G21;	米制尺寸输入	
3	G92	G92 X __ Y __ Z __;	建立工件坐标系	临时使用，刀具在工件坐标系中移动到指定点（X，Y，Z）
4	G52	G52 X __ Y __ Z __;	建立局部坐标系	以工件坐标系中的点（X，Y，Z）建立新的零点
		G52 X0 Y0 Z0;	取消局部坐标系	以工件坐标系中的点（0，0，0）建立新的零点，即取消局部坐标系

(续)

序号	指令	格式	功能说明	备注
5	G54～G59	G54;	建立工件坐标系	有6个指令，可用于不同刀具
6	G17	G17 X __ Y __;	XY加工平面	加工平面是刀具走刀投影面
7	G18	G18 X __ Z __;	ZX加工平面	
8	G19	G19 Y __ Z __;	YZ加工平面	
9	G00	G00 X __ Y __ Z __;	快速定位	
10	G01	G01 X __ Y __ Z __ F __;	直线插补	
11	G02	半径法： G02 X __ Y __ Z __ R __ F __; 圆心法： G02 X __ Y __ Z __ I __ J __ K __ F __;	顺时针圆弧插补	1. 顺（逆）时针圆弧插补判断方法：看向第三轴负方向，顺时针走刀是G02，逆时针走刀是G03 2. 指令编程格式有两种：半径法编程和圆心法编程 3. 半径法编程时，半径R为带符号值。其判断方法是：当圆弧圆心≤180°时，R取正值；当180°<圆弧圆心<360°时，R取负值；加工整圆时，不能使用半径法编程 4. 圆心法编程时，其圆心坐标（I，J，K）对应X、Y、Z轴，表示圆心相对于圆弧起点的矢量。该方法适用于圆弧圆心角为0～360°的情况
12	G03	半径法： G03 X __ Y __ Z __ R __ F __; 圆心法： G03 X __ Y __ Z __ I __ J __ K __ F __;	逆时针圆弧插补	
13	G04	G04 X(U) __; 或 G04 P __;	进给暂停	1. 用于孔底或槽底去毛刺处理 2. 指令执行时，进给停，主轴不停 3. X(U)表示时间，单位是s，小数表示 4. P表示时间，单位是ms，整数表示
14	G27	G27 X __ Y __ Z __;	回参考点检测	正确到达，面板参考点指示灯亮
15	G28	G28 X __ Y __ Z __;	自动返回参考点	X、Y、Z表示中间点，即刀具经过指令中的（X，Y，Z）点返回到参考点
16	G29	G29 X __ Y __ Z __;	从参考点返回	X、Y、Z表示终点，需经过G28指令中设置的中间点，不能独立使用
17	G90	G90 X __ Y __ Z __;	绝对坐标编程	X、Y、Z表示绝对坐标尺寸
18	G91	G91 X __ Y __ Z __;	相对坐标编程	X、Y、Z表示相对坐标尺寸
19	G94	G94 F __;	进给速度单位指定	进给速度单位为mm/min
20	G95	G95 F __;	进给速度单位指定	进给速度单位为mm/r
21	G96	G96 S __;	主轴恒切削速度	切削速度单位为m/s
22	G97	G97 S __;	直接转速	转速单位为r/min

2. 直槽编程

直槽零件如图3-29所示，已知毛坯规格为120mm×120mm×10mm，材料为45钢，零件上有一四方槽，槽宽10mm，槽表面粗糙度为$Ra6.3\mu m$，因此加工方法选择粗加工即可，刀具选用$\phi10mm$立铣刀。根据工序基准，工件坐标系建立在工件上表面中心，刀具进刀方式选择A点法向进刀，其加工程序见表3-11。

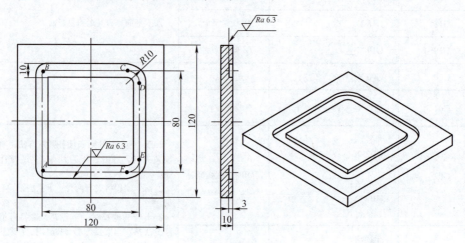

图 3-29 直槽零件

表 3-11 直槽加工程序

加工程序	说明
O0001；	程序名
N10 G54 G90 G17；	建立工件坐标系
N20 M03 S1000；	起动主轴
N30 G00 X–40 Y–40；	定位至A点
N40 Z5；	下刀到安全平面
N50 G01 Z–3 F100；	工进到槽底
N60 Y40；	定位至B点
N70 X30；	定位至C点
N80 G02 X40 Y30 R10；	定位至D点
N90 G01 Y–30；	定位至E点
N100 G02 X30 Y–40 R10；	定位至F点
N110 G01 X–40；	定位至A点
N120 G00 Z100；	抬刀
N130 M05；	
N140 M30；	

3.2.3 凸台轮廓零件的加工

数控系统在控制刀具运动时，把刀具看作是一个点在运动，即刀具的刀位点相对于工件被加工面的运动。由于实际刀具功能不同、结构不同、刀位点的位置不同，刀位点与被加工面的相对位置也不同。为了方便计算，数控系统提供了刀具半径补偿功能，可直接按零件图样轮廓尺寸进行编程。

1. 刀具半径补偿指令（G40、G41 和 G42）

（1）指令含义　G41 为刀具半径左补偿，G42 为刀具半径右补偿，G40 为取消刀具半径补偿。

（2）G41、G42 的判断方法　在加工投影面上，沿着刀具前进方向看，刀具在工件左侧为 G41，刀具在工件右侧为 G42。

刀具半径补偿

（3）建立刀具半径补偿指令格式

$$\begin{Bmatrix} G17 \\ G18 \\ G19 \end{Bmatrix} \begin{Bmatrix} G00 \\ G01 \end{Bmatrix} \begin{Bmatrix} G41 \\ G42 \end{Bmatrix} \alpha\_\_\beta\_\_D\_\_;$$

（4）取消刀具半径补偿指令格式

$$\begin{Bmatrix} G00 \\ G01 \end{Bmatrix} G40 \alpha\_\_\beta\_\_;$$

其中，α、β 为 X、Y、Z 三轴中配合平面选择（G17、G18、G19）的任意两轴；D 为刀具半径补偿号码。

（5）刀具半径补偿过程　刀具半径补偿的过程共分三个步骤：刀补建立、刀补进行和刀补取消。刀具半径补偿过程案例分析见表 3-12。

表 3-12　刀具半径补偿过程案例分析

刀具半径补偿过程	加工程序	说明
	O0020;	程序名
	……	
	N10 G41 G01 X100.0 Y100.0 D01;	刀补建立
	N20 Y200.0 F100;	
	N30 X200.0;	刀补进行
	N40 Y100.0;	
	N50 X100.0;	
	N60 G40 G00 X0.0 Y0.0;	刀补取消
	……	

2. 凸台轮廓的加工

已知毛坯规格为 100mm×80mm×20mm，材料为 45 钢，零件上有一凸台，表面粗糙度要求为 $Ra1.6\mu m$，该零件是半成品，零件图见表 3-13。因此，加工方法选择精加工，刀具选用 $\phi 10mm$ 立铣刀。根据工序基准，工件坐标系建立在工件上表面中心；为了保证零件加工质量，刀具进出工件时无过切、无残留，在 XY 平面上，刀具进退刀方式选择轮廓切向进退，选择 1 点作为切入切出点，采用轮廓线延长的方式进行刀具的切入切出，其走刀路线及加工程序见表 3-13。

刀具半径补偿应用

表 3-13　凸台零件图、走刀路线及加工程序

零件图及走刀路线	加工程序	说明
	O0002；	程序名
	N10 G90 G17 G40 G54；	调用工件坐标系
	N20 M03 S1600；	起动主轴
	N30 G00 X–70 Y–60；	定位到安全点 H
	N40 Z5 M08；	快速下刀到安全平面
	N50 G01 Z–5 F300；	工进到底平面
	N60 G42 G00 X–55 Y–30 D01；	建立刀具半径补偿
	N70 G01 X20 F300；	切削到 2 点
	N80 G02 X40 Y–10 I20 J0；	切削到 3 点
	N90 G01 Y20；	切削到 4 点
	N100 G03 X30 Y30 I–10 J0；	切削到 5 点
	N110 G01 X–10；	切削到 6 点
	N120 X–40 Y20；	切削到 7 点
	N130 Y–45；	切削到 8 点
	N140 G40 G00 X–70 Y–60；	取消刀具半径补偿
	N150 G28 Z300；	Z 向抬刀，回参考点
	N160 M30；	程序结束

3.2.4　型腔的编程与加工

型腔是铣削类零件的典型结构之一，其加工包含内轮廓面和底面。为了保证加工精度，简化零件的数控加工编程，刀具的补偿不可避免，为此数控系统提供了长度补偿。

1. 刀具长度补偿指令（G43、G44 和 G49）

（1）指令含义　G43 为刀具长度正补偿，G44 为刀具长度负补偿，G49 为取消刀具长度补偿。

（2）G43、G44 的判断方法　使用刀具与标准刀具比较，使用刀具向正方向的移动为 G43，反之为 G44。

刀具长度补偿与自动换刀

有的数控系统补偿的是刀具的实际长度与标准长度的差，如图 3-30a 所示。有的数控系统补偿的是刀具相对于相关点的长度，如图 3-30b、c 所示，其中 3-30c 所示为球形刀的情况。

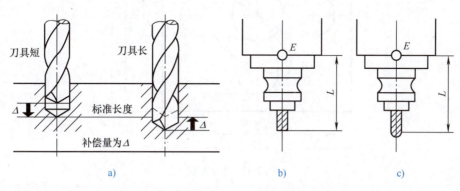

图 3-30　刀具长度补偿

（3）刀具长度补偿指令格式

1）建立刀具长度补偿指令格式：

$$\begin{Bmatrix} G43 \\ G44 \end{Bmatrix} Z\_\_\_ H\_\_\_;\ 或\ \begin{Bmatrix} G43 \\ G44 \end{Bmatrix} H\_\_\_;$$

其中，Z 表示终点坐标；H 表示补偿单元号。

2）取消刀具长度补偿指令格式：

G40 Z＿；或 Z＿H00；

2. 型腔编程加工应用

十字型腔如图 3-31 所示，已知毛坯外形各基准面已加工完毕，规格为 110mm×110mm×20mm，材料为铝，十字型腔加工时，中间已有孔，因此可采用 ϕ18mm 平底铣刀。粗铣时留 0.2mm 单边余量；为保证加工尺寸，粗、精加工分两把刀具完成，粗加工刀具号 T01，精加工刀具号 T02。根据工序基准，工件坐标系建立在工件上表面中心。粗加工先加工 ϕ30mm 圆柱槽，后加工十字槽轮廓；精加工先加工十字槽轮廓，后加工 ϕ30mm 圆柱槽。

十字型腔加工程序见表 3-14～表 3-16。

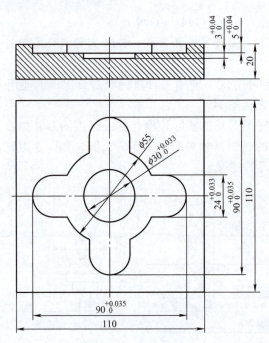

图 3-31　十字型腔

表 3-14　φ30mm 圆柱槽粗加工程序

加工程序	说明
O0034;	程序名
N10 G54 G90 G00 X0 Y0;	建立 G54 工件坐标系
N20 G43 H01 Z5;	调用刀具长度补偿，首次加工 H01=0
N30 M03 S1200;	
N40 G01 Z0 F80;	工进到零点平面
N50 G91 G01 Z-4 F80;	下刀深度 4mm，增量编程
N60 G41 G01 X15 Y0 D01 F150;	调用刀具半径补偿，D01=9.2mm，第 1 次铣削 φ30mm 孔轮廓，深 4mm
N70 G03 I-15 J0;	φ30mm 圆走刀
N80 G40 G00 X-15 Y0;	取消刀具半径补偿
N90 G91 G01 Z-4 F80;	继续下刀，深度 4mm，总深度 8mm
N100 G41 G01 X15 Y0 D01 F150;	调用刀具半径补偿，D01=9.2mm，第 2 次铣削 φ30mm 孔轮廓，总切深 8mm
N110 G03 I-15 J0;	φ30mm 圆走刀
N120 G40 G00 X-15 Y0;	取消刀具半径补偿
N130 G90 G49 G00 Z50;	取消刀具长度补偿
N140 M05;	
N150 M30;	

表 3-15 十字槽轮廓粗加工程序

加工程序	说明
O0035；	程序名（十字型腔加工程序）
N10 G54 G90 G00 X0 Y0；	建立 G54 工件坐标系
N20 G43 Z5 H01；	调用刀具长度补偿，首次加工 H01=0
N30 M03 S1200；	
N40 G01 Z-5 F100；	
N50 G41 G01 X27.5 Y0 D01 F150；	建立刀具半径补偿，D01=9.2mm
N60 G03 I-27.5 J0；	加工 ϕ55mm 圆柱槽轮廓
N70 G40 G00 X0 Y0；	取消刀具半径补偿
N80 G41 G01 X12 Y-12 D01 F150；	建立刀具半径补偿，D01=9.2mm
N90 X33；	粗铣 12mm 宽十字槽
N100 G03 Y12 I0 J12；	粗铣 12mm 宽十字槽
N110 G01 X12；	粗铣 12mm 宽十字槽
N120 Y33；	粗铣 12mm 宽十字槽
N130 G03 X-12 I-12 J0；	粗铣 12mm 宽十字槽
N140 G01 Y12；	粗铣 12mm 宽十字槽
N150 X-33；	粗铣 12mm 宽十字槽
N160 G03 Y-12 I0 J-12；	粗铣 12mm 宽十字槽
N170 G01 X-12；	粗铣 12mm 宽十字槽
N180 Y-33；	粗铣 12mm 宽十字槽
N190 G03 X12 I12 J0；	粗铣 12mm 宽十字槽
N200 G01 Y-12；	粗铣 12mm 宽十字槽
N210 G40 X0 Y0；	取消刀具半径补偿
N220 G90 G49 G00 Z50；	取消刀具长度补偿
N230 G91 G28 Z0 M05；	
N240 M30；	

表 3-16 型腔轮廓精加工程序

加工程序	说明
O0035；	程序名（十字型腔加工程序）
N10 T02 M06；	换 2 号刀
N20 G54 G90 G00 X0 Y0；	建立 G54 工件坐标系
N30 G43 Z5 H01；	调用刀具长度补偿，首次加工 H01=0
N40 M03 S1800；	
N50 G01 Z-5 F100；	
N60 G41 G01 X27.5 Y0 D01 F200；	建立刀具半径补偿，D01=9mm
N70 G03 I-27.5 J0；	加工 ϕ55mm 圆柱槽轮廓

(续)

加工程序	说明
N80 G40 G01 X0 Y0;	取消刀具半径补偿
N90 G41 G01 X12 Y-12 D01;	建立刀具半径补偿，D01=9mm
N100 X33;	精铣 12mm 宽十字槽
N110 G03 Y12 I0 J12;	
N120 G01 X12;	
N130 Y33;	
N140 G03 X-12 I-12 J0;	
N150 G01 Y12;	
N160 X-33;	
N170 G03 Y-12 I0 J-12;	
N180 G01 X-12;	
N190 Y-33;	
N200 G03 X12 I12 J0;	
N210 G01 Y-12;	
N220 G40 X0 Y0;	取消刀具半径补偿
N230 Z-8;	下刀到 ϕ30mm 圆柱槽底平面
N240 G41 X5 Y-10 D01;	精铣 ϕ30mm 圆柱槽轮廓
N250 G03 X15 Y0 I0 J10;	
N260 I-30 J0;	
N270 X5 Y10 I-10 J0;	
N280 G40 G00 X0 Y0;	
N290 G90 G49 G00 Z50;	取消刀具长度补偿
N300 G91 G28 Z0 M05;	
N310 M30;	

任务实施

加工如图 3-28 所示平面轮廓零件，零件材料为 45 钢。毛坯 100mm×65mm×25mm 外形已经加工，粗加工已经完成，侧面留加工余量为 0.5mm，底部表面质量由粗加工保证，不留余量，现在需要进行外轮廓及型腔轮廓的加工。为了保证加工质量，需要注意刀具走刀路线的设计，保证加工中无欠切和过切现象。

1. 确定加工顺序

工件有内外轮廓，壁厚较厚，故采用先外后内方式加工，即先加工外轮廓后加工内轮廓。

2. 夹具选择

该零件外形规则，可选用机用虎钳。

3. 刀具选择

此加工仅做精加工，可选择 ϕ12mm 硬质合金立铣刀。

4. 工件零点及走刀路线的设计

根据工艺基准，工件零点选择在工件上表面纵向中心线与 ϕ20mm 圆中心线的交点处；精加工走刀路线考虑到加工质量，外轮廓选择1点处切入切出，采用延长线方式，内轮廓选择 E 点处切入切出，采用内切圆弧方式，如图 3-32 所示。

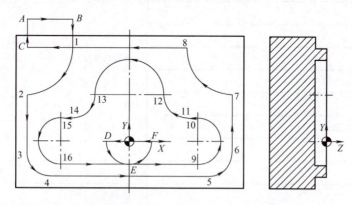

图 3-32 平面轮廓工件零点及走刀路线

5. 基点坐标

平面轮廓基点坐标见表 3-17。

表 3-17 平面轮廓基点坐标

基点	坐标	基点	坐标	基点	坐标	基点	坐标
A	(-45, 55)	4	(-35, -15)	10	(30, 10)	16	(-30, -10)
B	(-25, 55)	5	(35, -15)	11	(25, 10)	O	(0, 0)
C	(-45, 40)	6	(45, -5)	12	(15, 20)	D	(-10, 0)
1	(-25, 40)	7	(45, 20)	13	(-15, 20)	E	(0, -10)
2	(-45, 20)	8	(25, 40)	14	(-25, 10)	F	(10, 0)
3	(-45, -5)	9	(30, -10)	15	(-30, 10)		

6. 加工程序

平面轮廓精加工程序见表 3-18。

表 3-18 平面轮廓精加工程序

加工程序	说明
N10 T01 M06;	调用1号刀具
N20 G90 G40 G49 G54 G00 X-45 Y55;	建立工件坐标系，定位到点 A
N30 M03 S1200;	

(续)

加工程序	说明
N40 G43 G00 Z5 H01；	下刀到安全平面，建立长度补偿
N50 G01 Z-5 F80；	工进到加工底平面
N60 G42 X-25 F120 D01；	建立半径补偿，工进到点 B
N70 Y40；	外轮廓精加工
N80 G02 X-45 Y20 I-20 J0；	
N90 G01 Y-5；	
N100 G03 X-35 Y-15 I10 J0；	
N110 G01 X35；	
N120 G03 X45 Y-5 I0 J10；	
N130 G01 Y20；	
N140 G02 X25 Y40 I0 J20；	
N150 G01 X-45；	
N160 G40 Y55；	取消刀具半径补偿
N170 Z2；	抬刀到安全平面
N180 G00 X0 Y0；	定位到 O 点，加工型腔
N190 G01 Z-5 F100；	下刀
N200 G41 X-10 D01 F120；	建立刀具半径补偿
N210 G03 X0 Y-10 I10 J0；	型腔精加工
N220 G01 X30；	
N230 G03 Y10 I0 J10；	
N240 G01 X25；	
N250 G02 X15 Y20 I0 J10；	
N260 G03 X-15 I-15 J0；	
N270 G02 X-25 Y10 I-10 J0；	
N280 G01 X-30；	
N290 G03 Y-10 I0 J-10；	
N300 G01 X0；	
N310 G03 X10 Y0 I0 J10；	
N320 G40 G01 X0；	取消半径补偿
N330 G49 Z50；	取消长度补偿
N340 G91 G28 Z0；	抬刀，返回 Z 向参考点
N350 M05 M09；	
N360 M30；	

任务 3.3 支承板的编程与加工

- 知识目标
1. 认识数控铣削机床孔加工指令。
2. 掌握孔加工固定循环指令格式。
- 能力目标
1. 能根据加工工艺正确选择孔加工指令。
2. 能灵活编写孔系加工程序。

任务引入

数控铣削系统提供了孔加工的固定循环功能,减少了编程工作量,在加工中大大提高了加工效率。如图 3-33 所示支承板,中心有一孔径较大的孔,四周均布 4 个孔径较小的孔,4 个小孔位置精度较高,在加工中,根据工艺安排正确选择孔加工循环指令。

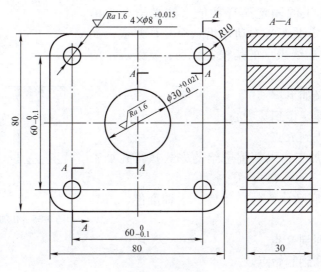

图 3-33 支承板

知识准备

3.3.1 孔加工基本路线

1. 孔加工工艺

(1) 孔加工常用方法 在金属切削中,孔加工常用的方法有钻孔、扩

孔加工循环

孔、铰孔、锪孔、镗孔、铣孔等。

（2）孔系加工的引入距离与超越量　孔系零件加工时需考虑加工引入距离和超越量。如图 3-34 所示，孔加工深度为 Z_d；ΔZ 为刀具的轴向引入距离，其经验数据为：在毛坯上钻削时，$\Delta Z=5\sim 8$mm；在已加工面上钻孔、镗孔、铰孔时，$\Delta Z=3\sim 5$mm；攻螺纹、铣削时，$\Delta Z=5\sim 10$mm。Z_c 为刀具的超越量，它不仅影响孔的编程深度，而且影响攻螺纹等后续加工的编程深度。其经验数据为：$Z_c=0.7D$，D 为孔的直径。

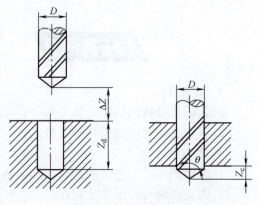

图 3-34　孔系加工的引入距离与超越量

（3）位置精度要求高的孔系进给路线　加工位置精度要求较高的孔系时，应注意孔的加工顺序，以避免数控机床进给轴反向运动时因反向间隙引起进给的滞留，影响位置精度。

2. 孔加工指令固定循环的基本动作

孔加工是数控加工中最常见的加工工序，数控铣床和加工中心为简化编程，通常都具有能完成钻孔、镗孔、铰孔和攻螺纹等加工的固定循环功能。该类指令为模态指令。孔加工固定循环基本动作由六个动作组成，如图 3-35 所示，图中虚线表示的是快速移动，实线表示的是切削进给。

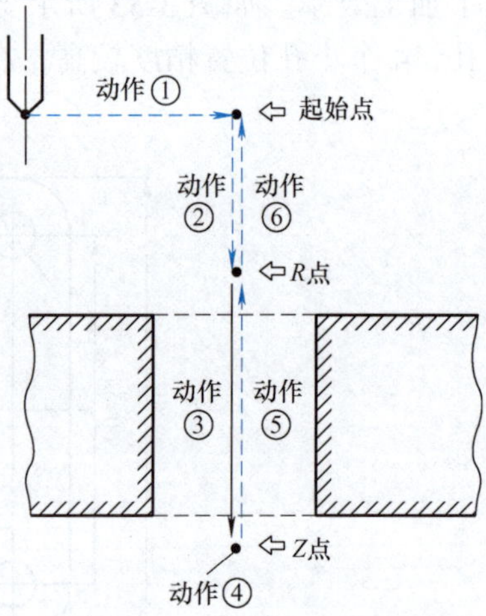

每个动作的含义如下：

动作①——快速定位到孔中心。

动作②——快进到 R 点。

动作③——孔加工，以切削进给的方式执行孔加工的动作。

动作④——孔底动作，包括暂停、主轴准停、刀具移位等动作。

图 3-35　孔加工固定循环基本动作

动作⑤——返回到 R 点。

动作⑥——返回到起始点。

3.3.2　孔加工功能指令

1. 孔加工固定循环指令基本格式

孔加工固定循环指令基本格式如下：

$$\begin{Bmatrix} G90 \\ G91 \end{Bmatrix} \begin{Bmatrix} G98 \\ G99 \end{Bmatrix} G\times\times\ X\_\_\ Y\_\_\ Z\_\_\ R\_\_\ Q\_\_\ P\_\_\ F\_\_\ K\_\_\ ;$$

说明：

1）G×× 是孔加工固定循环指令，指 G73～G89。

2）X、Y 指定孔在 XY 平面的坐标位置（增量或绝对值）。

3）Z 指定孔底坐标值。在增量方式时，是 R 点到孔底的距离；在绝对值方式时，是孔底的 Z 坐标值。

4）R 在增量方式中用来指定起始点到 R 点的距离；而在绝对值方式中用来指定 R 点的 Z 坐标值。

5）Q 在 G73、G83 中，用来指定每次进给的深度；在 G76、G87 中指定刀具位移量。

6）P 指定暂停的时间，最小单位为 1ms。

7）F 指定切削进给的进给量。

8）K 指定固定循环的重复次数。只循环一次时，K 可不指定。

2. 孔加工固定循环指令及功能

孔加工固定循环指令及其功能见表 3-19。

表 3-19 孔加工固定循环指令及其功能

指令	功能	格式及走刀动作	说明
G73	高速深孔钻循环指令	格式：G73 X_ Y_ Z_ R_ Q_ F_； 走刀动作：	1. 用于孔深与孔径比≥5 的深孔加工 2. 进给方式是间歇进给 3. 指令中 Q 指定每次下刀深度 4. 每次退刀距离由系统设定
G74	攻左旋螺纹循环指令	格式：G74 X_ Y_ Z_ R_ F_； 走刀动作：	1. 用于左旋螺纹孔的加工 2. 主轴正转起动 3. 进给速度 v_f 计算公式： v_f（mm/min）= 导程 P（mm）× 主轴转速 n（r/min）

(续)

指令	功能	格式及走刀动作	说明
G76	精镗孔循环指令	格式：G76 X_ Y_ Z_ R_ Q_ P_ F_； 走刀动作： G76(G98)　　　G76(G99) 主轴正转(CW)　起始点 R点　CCW　　主轴正转(CW) 　　　　　　　R点 　　　　　　　OSS：刀具中心偏移（快速进给） Z点　OSS　Q　Z点　OSS　Q → 快速进给 → 切削进给 ⇒ 主轴定向停止 刀具在孔底的偏移方式： 主轴定向停止　刀具 偏移量Q	1. 用于精镗孔，退刀时不会损伤工件，表面精度高 2. 在孔底主轴定向停止，P指定停留时间 3. 孔底刀具刀尖需要偏离内孔表面，Q指定偏离距离
G81	钻孔循环指令	格式：G81 X_ Y_ Z_ R_ F_； 走刀动作： G81(G98)　G81(G99) 起始点 → 快速进给 → 切削进给 R点　　　R点 Z点　　　Z点	用于一般孔加工，如麻花钻钻孔，孔加工精度低
G82	沉孔、钻孔循环指令	格式：G82 X_ Y_ Z_ R_ P_ F_； 走刀动作：同G81	1. 用于沉孔加工 2. 可采用的刀具有铣刀、锪孔钻 3. 用途：孔底去毛刺，故P指定暂停时间

(续)

指令	功能	格式及走刀动作	说明
G83	深孔啄钻循环指令	格式：G83 X_Y_Z_R_Q_F_； 走刀动作：	1. 用于孔径与孔深比≥5 的深孔加工 2. 进给方式是间隙进给，Q指定每次进给深度 3. 每次退刀返回安全平面 4. 刀具散热和排屑好
G84	攻右旋螺纹循环指令	格式：G84 X_Y_Z_R_F_； 走刀动作：	1. 用于右旋螺纹加工 2. 攻螺纹前主轴逆时针转动 3. 进给速度 v_f 计算公式： v_f（mm/min）= 导程 P（mm）× 主轴转速 n（r/min）
G85	铰孔、镗孔循环指令	格式：G85 X_Y_Z_R_F_； 走刀动作：	1. 该指令可用于镗孔和铰孔 2. 退刀方式：工进方式退刀，刀具不可直接拔出 3. 其加工表面质量较高
G86	镗孔循环指令	格式：G86 X_Y_Z_R_F_； 走刀动作：	1. 用于粗镗加工 2. 使用时需注意，在各孔动作之间加入暂停指令 G04，以使主轴获得规定的转速

(续)

指令	功能	格式及走刀动作	说明
G87	背镗孔循环指令	格式：G87 X＿Y＿Z＿R＿Q＿P＿F＿； 走刀动作： 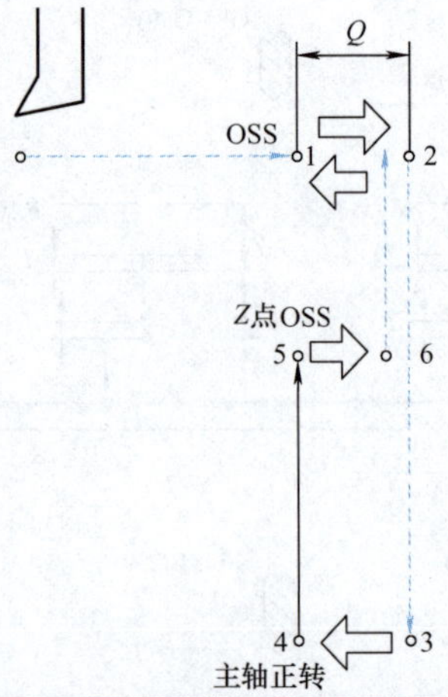 （图示：主轴正转，OSS定向，Q指定偏移距离，Z点OSS，孔底到孔口加工过程）	1. 一般用于通孔的精镗加工 2. 加工前刀具需先入到孔底，然后由孔底向孔口加工 3. 下刀前刀具需偏移，Q指定偏移距离 4. 需预留刀具偏移到被加工面的时间，P指定孔底暂停时间
G88	镗孔循环指令	格式：G88 X＿Y＿Z＿R＿P＿F＿； 走刀动作： 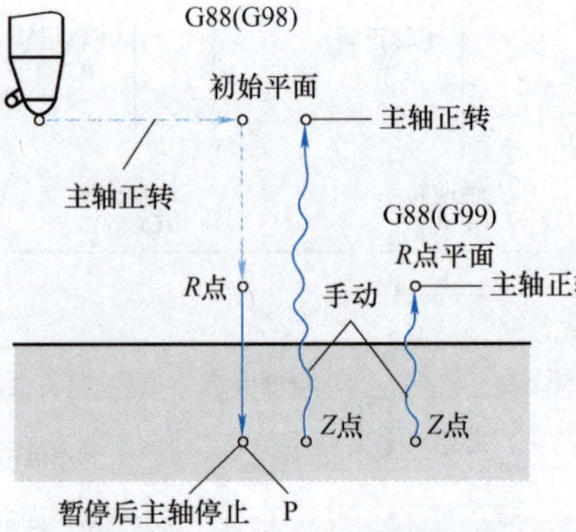 （图示：G88(G98)初始平面，主轴正转，R点，G88(G99) R点平面，手动，Z点，暂停后主轴停止 P）	该指令执行时刀具不能自动退出工件，需手动退出，故不能用于批量生产
G89	精镗阶梯孔循环指令	格式：G89 X＿Y＿Z＿R＿P＿F＿； 走刀动作： 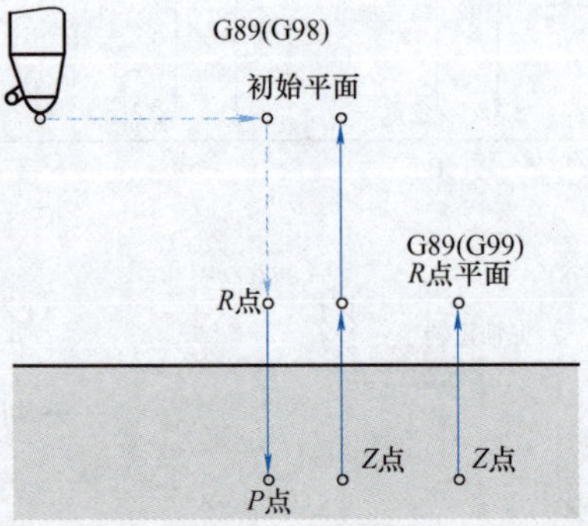 （图示：G89(G98)初始平面，G89(G99) R点平面，R点，Z点，P点）	1. 该指令在执行到孔底时需停留，P指定停留时间 2. 可选用阶梯镗刀加工
G80	取消固定循环指令		此外，也可用G00、G01、G02、G03指令实现固定循环功能的打断

3. 固定循环中重复次数的使用方法

在固定循环指令最后，可用 K 指定重复次数。在增量方式（G91）时，如果有孔距相同的若干相同孔，采用重复次数来编程是很方便的。在编程时要采用 G91、G99 方式。例如：当程序为"G91 G81 X50 Z–20 R–10 K6 F200；"时，其运动轨迹如图 3-36 所示。如果是在绝对值方式中，则不能钻出六个孔，仅仅在第一孔处往复钻六次，结果是一个孔。

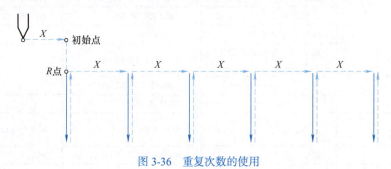

图 3-36　重复次数的使用

任务实施

加工如图 3-33 所示支承板，工件材料为 45 钢，毛坯为 80mm×80mm×30mm，已完成表面加工；中心有一孔径较大的孔，四周均布 4 个孔径较小的孔，4 个小孔位置精度较高，要求完成孔的加工。

1. 零件结构及技术要求分析

1）如图 3-33 所示，零件基准面已加工，需加工四个 ϕ8mm 和一个 ϕ30mm 的通孔。
2）孔较深且加工精度、位置精度要求较高。

2. 零件加工工艺及工装分析

1）工件用机用虎钳装夹，工件应放在机用虎钳中间，底面用垫铁垫实，上面至少露出 10mm，以免钳口干涉。工件中间有一通孔，垫铁放置要合适，以免钻削到垫铁。
2）加工方法：加工孔尺寸公差等级为 IT7，故 ϕ30mm 孔加工采用"钻中心孔→钻底孔→扩孔→镗孔"；ϕ8mm 孔加工采用"钻中心孔→钻孔→铰孔"。

3. 刀具选择

选择 A2.5mm 中心钻（高速工具钢）、ϕ7.8mm 麻花钻（高速工具钢）、ϕ8mm 铰刀（硬质合金）、ϕ15mm 麻花钻（高速工具钢）、ϕ29.8mm 扩孔钻（高速工具钢）、ϕ30mm 精镗刀（硬质合金）。

4. 工件零点及走刀路线

选取工件上表面中心为编程原点，考虑孔位置精度较高，为避免进给轴的反向间隙误差，4 个 ϕ8mm 孔加工走刀路线按照孔 2→孔 3→孔 4→孔 5 走刀定位，如图 3-37 所示。

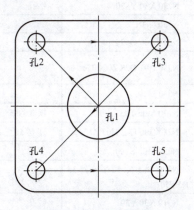

图 3-37　孔系走刀路线

5. 加工程序

支承板孔系加工加工程序见表3-20。

表3-20 支承板孔系加工加工程序

参考程序	说明	参考程序	说明
O0001；	程序名	N320 X-30 Y-30；	铰孔4
N10 G80 G90 G54；	安全指令	N330 X30 Y-30；	铰孔5
N20 M06 T01；	换1号A2.5中心钻	N340 G80；	
N30 G00 X0 Y0；	建立加工坐标系，设定加工原点	N350 G49 G00 Z100；	
N40 G43 H01 Z100；	建立1号刀具长度补偿	N360 G91 G28 Z0 M05；	
N50 M03 S2000；		N370 M19；	
N60 G81 X0 Y0 Z-3 R5 F40；	钻中心孔1	N380 M06 T04；	换4号ϕ15mm麻花钻
N70 X-30 Y30；	钻中心孔2	N390 G90 G43 H04 Z100；	建立4号刀具长度补偿
N80 X30 Y30；	钻中心孔3	N400 M03 S400；	
N90 X-30 Y-30；	钻中心孔4	N410 G81 X0 Y0 Z-35 R5 F50；	钻孔1
N100 X30 Y-30；	钻中心孔5	N420 G80；	
N110 G80；	取消钻孔循环	N430 G49 G00 Z100；	
N120 G00 G49 Z100；		N440 G91 G28 Z0 M05；	
N130 G91 G28 Z0 M05；		N450 M19；	
N140 M19；		N460 M06 T05；	换5号ϕ29.8mm扩孔钻
N150 M06 T02；	换2号ϕ7.8mm麻花钻	N470 G90 G43 H05 Z100；	建立5号刀具长度补偿
N160 G90 G43 H02 Z100；	建立2号刀具长度补偿	N480 M03 S500；	
N170 M03 S800；		N490 G81 X0 Y0 Z-35 R5 F50；	
N180 G83 X-30 Y30 Z-35 R5 Q80 F50；	钻孔2；建议孔径小于10mm，孔深与孔径比≥3时，尽可能采用G83	N500 G80；	
N190 X-30 Y30；	钻孔2	N510 G49 G00 Z100；	
N200 X30 Y30；	钻孔3	N520 G91 G28 Z0 M05；	
N210 X-30 Y-30；	钻孔4	N530 M19；	
N220 X30 Y-30；	钻孔5	N540 M06 T06；	换6号ϕ30mm精镗刀
N230 G80；		N550 G90 G43 H06 Z100；	建立6号刀具长度补偿
N240 G00 G49 Z100；		N560 M03 S1000；	
N250 G91 G28 Z0 M05；		N570 G99 G76 X0 Y0 Z-35 R5 Q500 P2000 F80；	精镗孔1
N260 M19；		N580 G80；	
N270 M06 T03；	换3号ϕ8mm铰刀	N590 G49 G00 Z100；	
N280 G90 G43 H03 Z100；	建立3号刀具长度补偿	N600 G91 G28 Z0	
N290 M03 S100；		N610 M05；	
N300 G85 X-30 Y30 Z-35 R5 F30；	铰孔2	N620 M30；	
N310 X30 Y30；	铰孔3		

任务 3.4 花瓣槽的编程加工

- 知识目标
1. 熟悉子程序编程方法。
2. 掌握特殊功能指令的应用方法。
- 能力目标
1. 能熟练编写子程序。
2. 能灵活运用特殊功能指令编程。

任务引入

在一些机械构造中,会使用对称结构、阵列结构或者圆周结构等形状,来增加机械部件的刚性,或减轻重量。在数控加工中,简单结构可以采用手工编程完成。如图 3-38 所示花瓣槽,该结构上花瓣槽呈圆周分布,对角线上有两相似三角形槽。为了简化程序,缩短准备时间,可以使用数控系统自带的特殊功能指令完成编程加工。

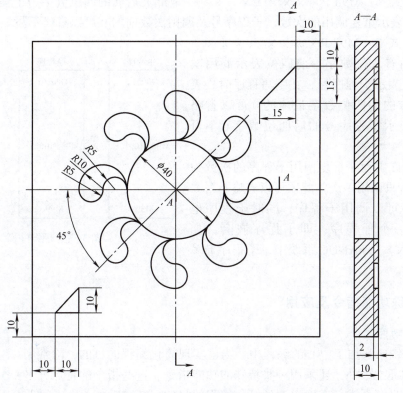

图 3-38 花瓣槽

知识准备

3.4.1 子程序功能

编程时,当一个零件上有相同的或经常重复的加工内容时,为了简化编程,可将这些加工内容编成一个单独的程序,再通过调用这些程序进行多次或不同位置的重复加工。在系统中调用程序的程序称为主程序,被调用的程序称为子程序。

子程序与应用

1. 子程序的格式

格式:

O××××;
…;
M99;

在此格式中,子程序结构与主程序一致,但是需要用指令 M99 表示子程序结束。

2. 子程序的调用

(1)格式一:M98 P×××× L×××× 地址 P 后面的四位数字为子程序号,地址 L 后的数字表示重复调用的次数,子程序号及调用次数前的 0 可以省略不写。

(2)格式二:M98 P×××× ××××
地址 P 后面有八位数字,前四位表示调用次数,后四位表示子程序号,在编写程序时,表示调用次数的前四位数字最前的 0 可以省略不写,但表示子程序号的后四位数字 0 不可省略。

系统允许主程序重复调用子程序的次数为 9999 次,若只调用一次,此项可以省略不写。

主程序可以调用子程序,同时子程序也可调用另一个子程序,即子程序嵌套,如图 3-39 所示。在 FANUC 系统中,子程序最多可嵌套 4 级。

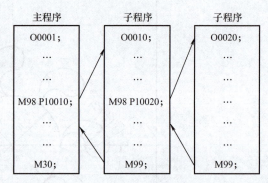

图 3-39 子程序嵌套

3.4.2 特殊功能指令及应用

1. 特殊功能指令

在数控铣床与加工中心的编程中,为了实现简化编程的目的,除常用固定程序循环指令外,还采用一些特殊的功能指令。这些指令的特点大多是对工件的坐标系进行变换以达到简化编程的目的。特殊功能指令及说明见表 3-21。

极坐标与镜像功能编程

表 3-21 特殊功能指令及说明

功能	指令	指令格式	说明
极坐标	G16 建立极坐标 G15 取消极坐标	1. 绝对坐标系 例如：G90 G17 G16 G00 X__ Y__； … ； G15； 2. 相对坐标系 例如：G91 G17 G16 G00 X__ Y__； … ； G15；	1. 极坐标用于加工投影面 2. 与绝对坐标和相对坐标有关 3. 极半径：以第一直角轴表示。例如：XY平面中 X。在绝对坐标系中，X=终点与原点的距离；在相对坐标系中，X=终点与起点距离 4. 极角度：以第二直角轴表示。例如：XY平面中 Y。在绝对坐标系中，Y=第一轴转到动点与原点连线的角度；在相对坐标系中，Y=前一段路线转到动点所在路段的角度。逆时针旋转为正方向 5. 极原点：绝对坐标系中是直角坐标系的原点；相对坐标系中是该段路线的起点
可编程镜像	G51.1 建立镜像 G50.1 取消镜像	例如： G17 G51.1 X__ Y__； … ； G50.1 X__ Y__；	1. 用于加工投影面 2. X、Y 指定对称中心或对称轴
比例缩放功能	G51 建立缩放 G50 取消缩放	格式1： G51 X__ Y__ Z__ P__； … ； G50； 格式2： G51 X__ Y__ Z__ I__ J__ K__； … ； G50；	1. 用于加工投影面 2. X、Y、Z 指定缩放中心 3. P 指定等比例缩放，用整数表示，例如：放大 2 倍，输入 P2000 4. I、J、K 指定不等比例缩放，分别对应 X、Y、Z 轴的缩放系数
旋转功能	G68 建立旋转 G69 取消旋转	指令格式 G17 G68 X___ Y___ R___； … ； G69；	1. 用于加工投影面 2. X、Y 指定旋转中心 3. R 指定旋转角度，逆时针旋转为正方向

2. 特殊功能指令的应用

（1）极坐标应用　圆周孔的加工见表 3-22。

表 3-22　圆周孔的加工

零件图	参考程序	说明
	G90 G17 G16;	设定工件坐标系原点为极坐标系原点
	G81 X50 Y30 Z-20 R5 F100;	绝对坐标：极半径 50mm，极角度 30°
	Y120;	绝对坐标：极半径 50mm，极角度 120°
	Y210;	绝对坐标：极半径 50mm，极角度 210°
	Y300;	绝对坐标：极半径 50mm，极角度 300°
	G15 G80;	取消极坐标，取消孔加工固定循环

（2）镜像功能应用　对称凸台的加工见表 3-23。

表 3-23　对称凸台的加工

零件图	参考程序	说明
	O0004;	主程序
	N0040 M98 P0100;	加工第一象限图形
	N0050 G51.1 X60 Y60;	X、Y 轴镜像
	N0060 M98 P0100;	加工第三象限图形
	N0070 G50.1 X60 Y60;	取消镜像
	N0080 G51.1 X60;	X60 轴镜像
	N0090 M98 P0100;	加工第二象限图形
	N0100 G50.1 X60;	取消镜像
	N0110 G51.1 Y60;	Y60 轴镜像
	N0120 M98 P0100;	加工第四象限图形
	N0130 G50.1 Y60;	取消镜像
	O0100;	子程序
	N0010 G41 G01 X70 Y60 D01;	
	N0020 Y110;	
	N0030 X110 Y70;	
	N0040 X60;	
	N0050 G40 G01 X60 Y60;	
	N0060 M99;	

任务实施

加工如图 3-38 所示花瓣槽，毛坯规格为 120mm×120mm×10mm，材料为铝合金，各槽深 2mm，板厚 10mm，该结构上花瓣槽呈圆周分布，对角线上有两相似三角形槽。

1. 工艺准备

1）加工方法：采用雕刻方法。
2）工件装夹：用机用虎钳装夹。
3）刀具选择：$\phi 2mm$ 立铣刀。
4）工件零点：工件上表面中心。

2. 程序编制

花瓣槽加工程序见表3-24。单片花瓣加工子程序见表3-25。10mm×10mm 三角形槽加工子程序见表3-26。

表 3-24　花瓣槽加工程序

加工程序	说明
O0003；	主程序
N10 G17 G40 G49 G80；	初始赋值
N20 M03 S1600；	
N30 G54 G90 G00 X0 Y0；	建立 G54 工件坐标系
N40 G00 Z5；	
N50 M98 P0011；	调用子程序，加工花瓣 1
N60 G68 X0 Y0 R45；	旋转 45°
N70 M98 P0011；	调用子程序，加工花瓣 2
N80 G68 R45；	旋转 45°
N90 M98 P0011；	调用子程序，加工花瓣 3
N100 G68 R45；	旋转 45°
N110 M98 P0011；	调用子程序，加工花瓣 4
N120 G68 R45；	旋转 45°
N130 M98 P0011；	调用子程序，加工花瓣 5
N140 G68 R45；	旋转 45°
N150 M98 P0011；	调用子程序，加工花瓣 6
N160 G68 R45；	旋转 45°
N170 M98 P0011；	调用子程序，加工花瓣 7
N180 G68 R45；	旋转 45°
N190 M98 P0011；	调用子程序，加工花瓣 8
N200 G69 G90；	取消旋转
N210 G55 G90 G00 X0 Y0；	建立 G55 工件坐标系
N220 M98 P0012；	调用 O0012 子程序，加工左下角形体
N230 G56 G90 G00 X0 Y0；	建立 G56 工件坐标系
N240 G51 X0 Y0 P2；	放大两倍
N250 M98 P0012；	调用 O0012 子程序，加工右上角形体
N260 G50；	取消比例缩放
N270 M05；	
N280 M30；	

表 3-25　单片花瓣加工子程序

加工程序	说明
O0011;	
N10 G91 G01 X20 Y0 F40;	
N20 Z-10;	
N30 G03 X20 Y0 R10;	
N40 G03 X-10 Y0 R5;	
N50 G02 X-10 Y0 R5;	
N60 G00 Z10;	
N70 G00 X-20 Y0;	
N80 M99;	

表 3-26　10mm×10mm 三角形槽加工子程序

加工程序	说明
O0012;	
N10 G01 Z-2;	
N20 G01 X10 F40;	
N30 Y10;	
N40 X0 Y0;	
N50 Z5;	
N60 M99;	

任务 3.5　加工中心自动编程

- 知识目标
1. 认识 CAM 软件加工界面。
2. 掌握面铣削的自动加工方法。
- 能力目标
1. 能操作 CAM 软件。
2. 能用加工中心进行自动编程加工。

型腔铣应用

任务引入

手工编程在零件的精加工或是零件的修整中具有高效性，但是在粗加工中，CAM 软件更具有优势，只要根据加工工艺选择合理的走刀路线，就能高效地完成零件的粗加工。现在以图 3-1 所示简单铣削件的加工来认识 CAM 软件的自动编程。

知识准备

3.5.1 加工环境

打开 NX 软件,单击工具栏中的"启动" 按钮,在弹出的下拉菜单中选择"加工"命令,系统弹出"加工环境"对话框,进行初始化设置,如图 3-40 所示,单击"确定"按钮,进入 NX 的加工环境,如图 3-41 所示。

图 3-40 "加工环境"对话框

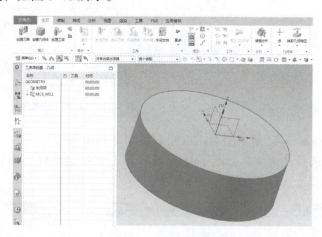

图 3-41 NX 的加工环境

3.5.2 加工创建

1. 选择工件

在工序导航器中右击,在弹出的快捷菜单中选择"几何视图"命令,如图 3-42 所示,使操作导航器切换到几何视图,如图 3-43 所示,双击其中的"WORKPIECE"节点,弹出"工件"对话框,如图 3-44 所示。

图 3-42 快捷菜单

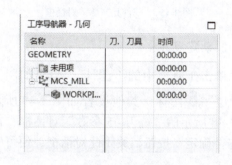

图 3-43 几何视图

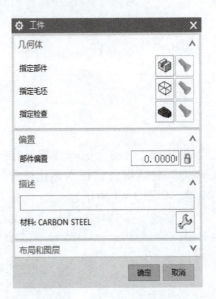

图 3-44 "工件"对话框

在图 3-44 所示的对话框中，单击"指定部件"图标，便弹出"部件几何体"对话框，提示选择几何体，如图 3-45 所示；单击"指定毛坯"图标，便弹出"毛坯几何体"对话框，提示选择几何体，如图 3-46 所示。

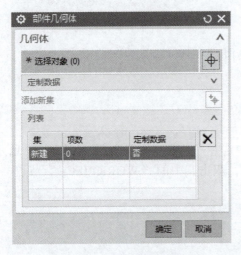

图 3-45 "部件几何体"对话框

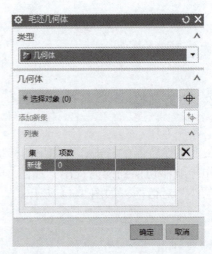

图 3-46 "毛坯几何体"对话框

2. 创建刀具

单击工具栏中的 图标，弹出如图 3-47 所示的"创建刀具"对话框，在其中单击"铣刀" 图标，其他设置如图 3-47 所示。设置完成后，单击"确定"按钮，弹出如图 3-48 所示的"铣刀-5 参数"对话框，在其中设置相应的加工刀具的参数。设置完成后单击"确定"按钮，关闭此对话框，便可完成刀具的创建。

项目 3　加工中心编程与加工

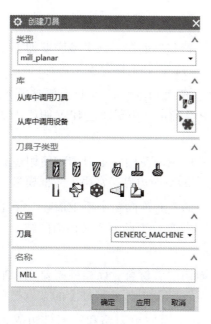

图 3-47 "创建刀具"对话框

图 3-48 "铣刀 -5 参数"对话框

3. 创建加工操作

单击工具栏中的 图标，弹出如图 3-49 所示的"创建工序"对话框，类型选择"mill_planar"，其他设置如图 3-49 所示；工序子类型选择 ，在弹出的"平面轮廓铣"对话框中进行相应的设置，如图 3-50 所示。

图 3-49 "创建工序"对话框

图 3-50 "平面轮廓铣"对话框

113

各种工序子类型说明如下：

（1）底壁加工（▢） 用于对棱柱部件上平面进行基础面铣。该类型底壁加工需要选择底面和（或）侧壁几何体，去除的材料由切削区域的底面和毛坯厚度来确定。

（2）带IPW的底壁加工（▢） 使用IPW切削底面和壁。该类型需要选择底面和（或）壁几何体，要去除的材料由所选择几何体和IPW确定，用于通过IPW跟踪未切削材料时铣削2.5轴棱柱部件。

（3）使用边界面铣（▢） 在用平面边界定义的区域内使用固定刀轴时使用边界面切削。该类型需要选择面、曲线或点来定义与刀轴垂直的平面边界，常用于线框模型。

（4）手工面铣（▢） 切削垂直于固定刀轴的平面，允许向每个手工面包含手工切削模式的切削区域指派不同的切削模式。该类型需要选择部件上的面定义切削区域，还可以定义壁几何体。

（5）平面铣（▢） 去除垂直于固定刀轴的平面切削层材料。该类型需要定义平行于底面的部件边界、毛坯边界和底平面，用于粗加工带竖直壁的棱柱部件上的大量材料。

（6）平面轮廓铣（▢） 使用"轮廓"切削模式来生成单刀路和沿部件边界描绘轮廓的多层平面刀路。该类型需要定义平行于底面的部件边界、底平面，用于加工平面壁或边。

（7）清理拐角（▢） 使用2D处理中的工件去除之前工序所遗留的材料。该类型需要定义部件和毛坯边界、2DIPW、底平面，用于去除在之前工序中使用较大直径刀具后遗留在拐角的材料。

（8）精加工壁（▢） 使用"轮廓"切削模式来精加工壁，同时为底面留下加工余量。该类型需要定义平行于底面的部件边界、底面，用于精加工直壁，同时需要留出底面余量的场合。

（9）精加工底面（▢） 使用"跟随部件"切削模式来精加工底面，并为壁留出加工余量。该类型需要定义平行于底面的部件边界、底面和毛坯边界，用于精加工底面。

（10）槽铣削（▢） 使用T形刀铣削单个线性槽。该类型需要指定部件和毛坯几何体，通过选择单个平底面指定槽几何体，切削区域可由处理中的工件确定，用于T形槽的精加工和粗加工。

（11）铣孔（▢） 使用螺旋式切削模式来加工不通孔、通孔或凸台。该类型需要选择孔几何体或使用已识别的孔特征。

（12）螺纹铣（▢） 加工孔或凸台的螺纹。螺纹参数和几何信息可以从几何体、螺纹特征或刀具派生，也可以明确指定。刀具的螺纹形状和螺距必须匹配工序中指定的要求。该类型需要选择几何体或使用已识别的孔特征。

（13）平面雕刻文字（▢） 雕刻平面上的文字，选择文字定义刀具轨迹。该类型需要选择文字、底面来定义文本深度。

（14）铣削控制（▢） 仅包含机床控制用户定义事件。该类型生成后处理命令并直接将信息提供给后处理器。

（15）用户定义的铣削（ ） 该类型需要定制 NX 开放程序以生成刀路的特殊工序。
4. 刀具轨迹

当操作设置完毕后，单击"平面轮廓铣"对话框中的"生成"按钮，生成刀具轨迹。

任务实施

加工如图 3-1 所示简单铣削件，该工件主要尺寸为（30±0.03）mm、（50±0.03）mm、$2_{0}^{+0.03}$mm 和 $5_{0}^{+0.03}$mm，其余尺寸比较好控制。加工过程中 $2_{0}^{+0.03}$mm 和 $5_{0}^{+0.03}$mm 尺寸较难控制，需采用粗、精加工来保证。总体加工过程是先加工 50mm×50mm 的正方形，保证加工精度；再加工菱形；然后钻 $4×\phi12$mm 的孔，依次采用平面铣削、底壁加工和钻孔加工的方法。

1. 平面铣削

（1）打开零件三维图　用 NX 打开零件三维图，如图 3-51 所示。

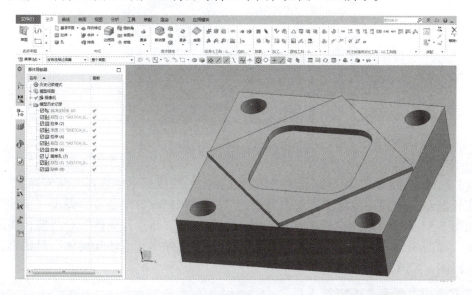

图 3-51　零件三维图

（2）进入加工环境　单击工具栏中的"启动" 按钮，在弹出的下拉菜单中选择"加工"命令，系统弹出"加工环境"对话框，进行初始化设置（图 3-40），单击"确定"按钮，进入 NX 的加工环境。

（3）设置加工坐标系　选择提前设置好的毛料，然后单击 图标，出现如图 3-52 所示"创建几何体"对话框，单击几何体子类型中的 图标，单击"确定"按钮，出现如图 3-53 所示"MCS"对话框，单击 图标，进行坐标系的定位，如图 3-54 所示。

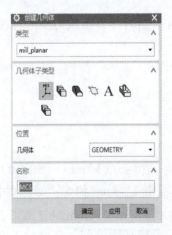

图 3-52 "创建几何体"对话框

图 3-53 "MCS"对话框

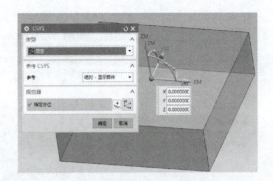

图 3-54 坐标系的选择和定位

（4）选择工件　在工序导航器中右击，在弹出的快捷菜单中选择"几何视图"命令，使操作导航器切换到几何视图，双击其中的"WORKPIECE"节点，弹出"工件"对话框，如图 3-55 所示，单击"指定部件"图标，便弹出"部件几何体"对话框，提示选择几何体，如图 3-56 所示；单击"指定毛坯"图标，便弹出"毛坯几何体"对话框，提示选择几何体，如图 3-57 所示。

图 3-55 "工件"对话框

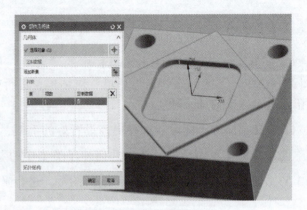

图 3-56 "部件几何体"对话框

项目 3 加工中心编程与加工

（5）创建刀具　单击工具栏中的 图标，弹出图 3-47 所示的"创建刀具"对话框，在其中单击"铣刀" 图标，并完成其他设置。设置完成后，单击"确定"按钮，便打开图 3-48 所示的"铣刀 -5 参数"对话框，在其中设置"10"mm 加工刀具的参数，设置完后单击"确定"按钮，关闭此对话框。同理，再创建"12"mm 的钻头，便可完成刀具的创建。

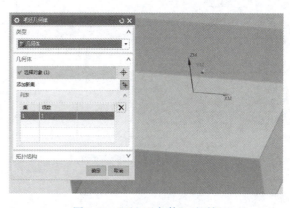

图 3-57　"毛坯几何体"对话框

（6）创建加工操作

1）平面铣削。

① 指定部件边界。单击工具栏中的 图标，弹出如图 3-49 所示的"创建工序"对话框。工序子类型选择 ，便打开"平面铣"对话框，如图 3-58 所示，单击"指定部件边界"图标 ，弹出"边界几何体"对话框，如图 3-59 所示；"模式"选择"曲线/边"，弹出"创建边界"对话框，将"类型"设置为"封闭的"，"刨"设置为"自动"，"材料侧"设置为"外部"，"刀具位置"设置为"相切"，如图 3-60 所示；然后依次选择加工曲线，如图 3-61 所示。

图 3-58　"平面铣"对话框

图 3-59　"边界几何体"对话框

② 指定底面。在图 3-58 所示的"平面铣"对话框中，单击"指定底面"图标 ，在绘图区内选择相应的底面，如图 3-62 所示。

117

图 3-60 "创建边界"对话框

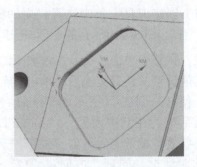

图 3-61 选择加工曲线

③ 刀轨设置。在"平面铣"对话框中,"刀轨设置"选项组中的"切削模式"选择"跟随周边","步距"选择"刀具平直百分比","平面直径百分比"设置为"50",如图 3-63 和图 3-64 所示;切削层中的"类型"选择"恒定",每刀切削深度设置为"1",如图 3-65 所示;切削参数的"策略"选项卡中,"切削方向"选择"顺铣","切削顺序"选择"深度优先","刀路方向"选择"向外",如图 3-66 所示;非切削移动的"进刀"选项卡设置如图

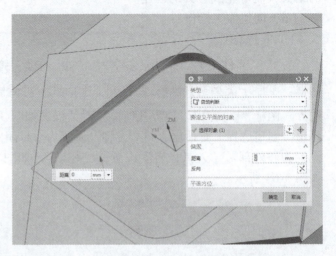

图 3-62 选择底面

3-67 所示;非切削移动的"转移/快速"选项卡设置如图 3-68 所示;进给率和速度中,"主轴速度"设置为"3000","切削"设置为"500",如图 3-69 所示。

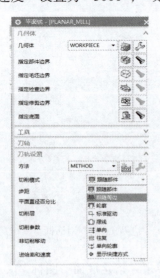

图 3-63 刀轨设置 1

图 3-64 刀轨设置 2

图 3-65 切削层设置

图 3-66 切削参数的"策略"选项卡设置

图 3-67 非切削移动的"进刀"选项卡设置

图 3-68 非切削移动的"转移/快速"选项卡设置

图 3-69 进给率和速度设置

④ 操作设置。完成上述设置后，在图 3-58 所示的"平面铣"对话框中单击"操作"选项组中的图标 ，会出现平面铣轨迹，如图 3-70 所示。

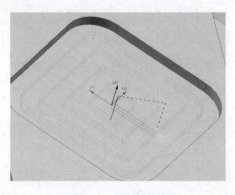

图 3-70 平面铣轨迹

2）底壁加工。

① 指定部件。单击工具栏中的 图标，弹出如图3-49所示的"创建工序"对话框。工序子类型选择 ，便可打开"底壁加工"对话框，如图3-71所示，单击"指定切削区底面"图标 ，弹出"切削区域"对话框，如图3-72所示，选择四个三角形区域。

图3-71 "底壁加工"对话框　　　　　　图3-72 "切削区域"对话框

② 刀轨设置。"刀轨设置"选项组中的"切削区域空间范围"选择"底面"，"切削模式"选择"跟随周边"，"步距"选择"刀具平直百分比"，"平面直径百分比"设置为"65"，"底面毛坯厚度"设置为"2"，"每刀切削深度"设置为"1"，如图3-73所示；切削参数的"策略"选项卡中，"切削方向"选择"顺铣"，"刀路方向"选择"向内"，如图3-74所示；非切削移动的"进刀"选项卡设置如图3-75所示；进给率和速度中，"主轴速度"设置为"3000"，"切削"设置为"500"，如图3-76所示。

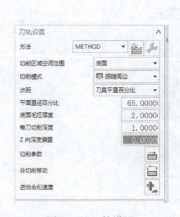　　

图3-73 刀轨设置　　　　　　图3-74 切削参数中的"策略"选项卡设置

项目 3　加工中心编程与加工

图 3-75　非切削移动的"进刀"选项卡设置

图 3-76　进给率和速度设置

③ 操作设置。完成上述设置后，在图 3-71 所示的"底壁加工"对话框中单击"操作"选项组中的图标，会出现底壁加工轨迹，如图 3-77 所示。

3）钻孔加工。单击工具栏中的图标，弹出"创建工序"对话框，"类型"选择"drill"，如图 3-78 所示；"工序子类型"选择"标准钻"，"刀具"选择"12（钻刀）"，如图 3-79 所示。单击"确定"按钮，便可打开"钻孔"对话框，如图 3-80 所示。

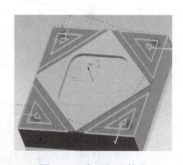

图 3-77　底壁加工轨迹

图 3-78　选择工序类型

图 3-79　选择工序子类型

121

① 单击"指定孔"图标，出现如图 3-81 所示"点到点几何体"对话框；单击"选择"按钮后出现如图 3-82 所示对话框；单击"一般点"按钮，弹出"点"对话框，如图 3-83 所示，依次选择四个孔的圆心。

图 3-80 "钻孔"对话框　　图 3-81 点到点几何体　　图 3-82 点的选择 1

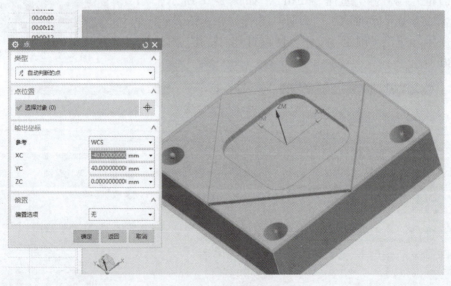

图 3-83 点的选择 2

② 如图 3-80 所示，单击"指定顶面"图标，出现"顶面"对话框，如图 3-84 所示，"顶面选项"选择"面"，选择上表面，如图 3-85 所示。

项目 3 加工中心编程与加工

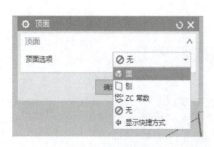

图 3-84 顶面选择 1

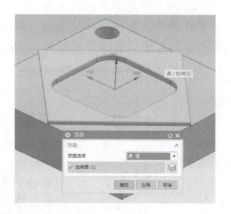

图 3-85 顶面选择 2

③ 如图 3-80 所示，单击"指定底面"图标，出现"底面"对话框，如图 3-86 所示，"底面选项"选择"面"，选择下表面，如图 3-87 所示。

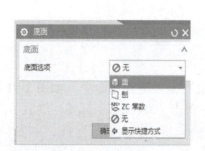

图 3-86 底面选择 1

图 3-87 底面选择 2

④ 如图 3-80 所示，单击"循环类型"选项组中的"编辑参数"图标，切换到"Cycle 参数"对话框，如图 3-88 所示，单击"Depth- 模型深度"按钮，切换到"Cycle 深度"对话框，单击"穿过底面"按钮，如图 3-89 所示，然后单击"确定"按钮。

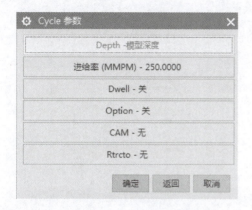

图 3-88 "Cycle 参数"对话框

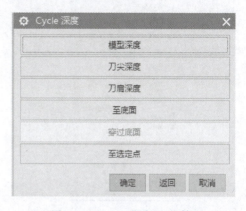

图 3-89 "Cycle 深度"对话框

123

⑤ 操作设置。完成上述设置后，在图 3-80 中单击"操作"选项组中的"生成" 图标，会出现钻孔加工轨迹，如图 3-90 所示。

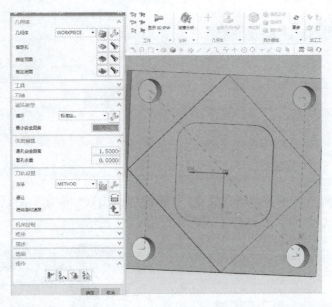

图 3-90　钻孔加工轨迹

2. 动态确认刀轨

选择"WORKPIECE"节点，右击选择"刀轨"→"确认"命令，如图 3-91 所示，然后弹出"刀轨可视化"对话框，如图 3-92 所示，单击"2D 动态"标签，然后单击"开始" 图标，在工作区出现刀具仿真加工过程，如图 3-93 所示。

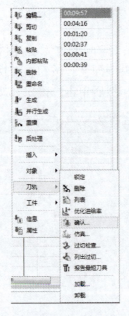

图 3-91　刀轨仿真

图 3-92　"刀轨可视化"对话框

项目 3 加工中心编程与加工

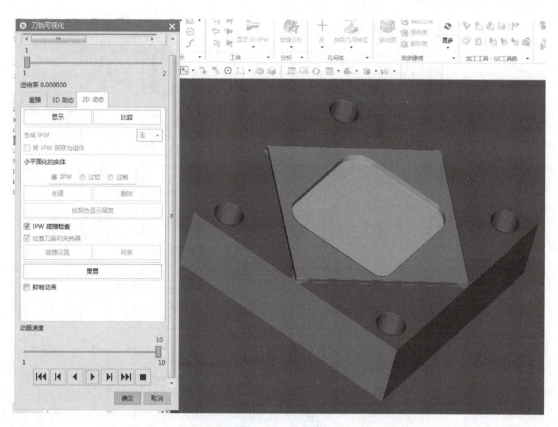

图 3-93 刀轨仿真

任务 3.6 连接座的编程与加工

- 知识目标
1. 熟练平面类零件的一般加工方法。
2. 掌握平面类零件的编程方法。
- 能力目标
1. 能熟练制订平面类零件的加工工艺。
2. 能熟练编制平面类零件的加工程序。

铣削典型零件编程加工

任务引入

平面类零件是铣削中的一种常见结构，其结构上一般有轮廓、孔、平面，如图 3-94 所示连接座。

125

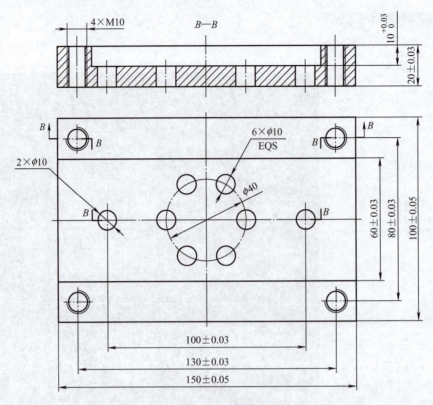

图 3-94 连接座

任务实施

加工如图 3-94 所示连接座，材料为 2A12，毛坯尺寸为 150mm×100mm×20mm，进行工艺设计和加工程序编制。

1. 加工准备

1）加工设备：FANUC 0i 数控铣床（加工中心）。

2）毛坯：材料为 2A12，尺寸为 150mm×100mm×20mm。

3）装夹方式选择：采用机用虎钳装夹。

4）加工刀具：T01 为 ϕ50mm 立铣刀，T02 为 ϕ16mm 立铣刀，T03 为 ϕ2.5mm 中心钻，T04 为 ϕ10mm 钻头，T05 为 ϕ8.5mm 钻头，T06 为 M10 丝锥。

5）量具准备：游标卡尺、深度卡尺、内径百分表等。

2. 加工工艺过程

连接座加工工序卡见表 3-27。

表 3-27 连接座加工工序卡

工序号	程序编号	夹具名称		使用设备	车间	
		机用虎钳				
工步号	工步内容	刀具号	刀具规格	主轴转速 / (r/min)	进给速度 / (mm/min)	背吃刀量 / mm	备注
1	粗加工宽（60±0.03）mm、深 $10_{0}^{+0.03}$ mm 的槽，槽两侧各留 5mm 余量	T01	ϕ50mm 立铣刀	500	100	5	
2	精加工宽（60±0.03）mm、深 $10_{0}^{+0.03}$ mm 的槽	T02	ϕ16mm 立铣刀	1000	40	2	
3	钻 8 个 ϕ2.5mm 定位孔	T03	ϕ2.5mm 中心钻	800	40		
4	钻 8 个 ϕ10mm 通孔	T04	ϕ10mm 钻头	600	30		
5	加工 4 个 M10 螺纹底孔	T05	ϕ8.5mm 钻头	600	30		
6	攻螺纹	T06	M10 丝锥	500	30		

3. 工件坐标系与走刀路线设计

根据加工工序，零件的工件坐标系原点设定在工件上表面对称中心点处，刀具的走刀路线如图 3-95 所示。

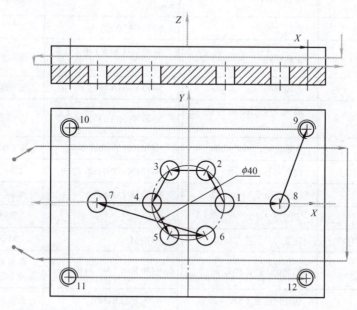

图 3-95 走刀路线

4. 零件的编程加工

根据加工工序，工件坐标系原点设定在工件上表面对称中心点处，连接座数控加工程序见表 3-28。

表 3-28 连接座数控加工程序

加工程序	说明	加工程序	说明
O0001;	程序名	N270 G91 G28 Z0;	回参考点
N20 G54 G80 G40 G17 G90 G49;	建立工件坐标系	N280 M05;	主轴停转
N30 M06 T01;	调用 1 号 ϕ50mm 立铣刀，粗铣槽，单边余量留 5mm	N290 M19;	主轴定向
N40 M03 S500;	主轴正转，500r/min	N300 M06 T03;	调用 3 号 ϕ2.5mm 中心钻，准备预加工 1～12 孔
N50 G43 G00 Z20 H01;	建立刀具长度补偿	N310 G90 G00 X0 Y0;	快速定位至（0,0）
N60 G00 X105 Y0;	快速定位至 XY 平面中（105,0）处	N320 M03 S1000;	主轴正转，1000r/min
N70 Z10;	快速下刀至 Z10	N330 G43 Z20 H03;	建立刀具长度补偿
N80 G01 Z-5 F100;	下刀至 Z-5	N340 G16;	极坐标生效
N90 G01 X-105 F200;	切削至（-105,0）处	N350 G99 G81 X20 Y0 Z-12 R-5 F12;	建立孔加工固定循环指令，下刀加工孔 1
N100 G01 Z-10;	下刀至 Z-10	N360 G91 Y60 K5;	加工孔 2～6
N110 G01 X105;	切削至（105,0）处	N370 G15;	极坐标取消
N120 G49;	取消刀具长度补偿	N380 G81 X-50 Y0 Z-12 R-5;	加工孔 7
N130 G28 Z200;	返回参考点	N390 G98 X50;	加工孔 8
N140 M05;	主轴停转	N400 G81 X65 Y40 Z-2 R5 F120;	加工螺纹孔 9
N150 M19;	主轴定向	N410 Y-65 Y40;	加工螺纹孔 10
N160 M06 T02;	调用 2 号 ϕ16mm 立铣刀，精铣槽	N420 X-65 Y-40;	加工螺纹孔 11
N170 M03 S1000;	主轴正转，1000r/min	N430 X65 Y-40;	加工螺纹孔 12
N180 G43 G00 Z20 H02;	建立刀具长度补偿	N440 G49 G80 G00 Z200;	取消孔固定循环指令，抬刀
N190 X-100 Y20;	快速定位至（-100,20）	N450 G91 G28 Z0;	回参考点
N200 G01 Z-10;	下刀至 Z-10	N460 M05;	主轴停转
N210 G42 X-88 Y30 D02;	建立刀具半径右补偿	N470 M19;	主轴定向
N220 G01 X88 F200;	精铣至（88,30）	N480 M06 T04;（ϕ10 钻头）	调用 4 号 ϕ10mm 钻头，准备加工孔 1～8
N230 G00 Y-30;	快速定位至（88,-30）	N490 M03 S450;	主轴正转，450r/min
N240 G01 X-88;	精铣至（-88,-30）	N500 G90 G43 Z50 H04;	建立刀具长度补偿
N250 G40 X-100 Y-20;	取消刀具半径补偿	N510 G16;	极坐标生效
N260 G49 G00 Z200;	取消刀具长度补偿	N520 G99 G81 X20 Y0 Z-20 R-5 F120;	建立孔加工固定循环指令，下刀加工孔 1

项目3 加工中心编程与加工

(续)

加工程序	说明	加工程序	说明
N530 G91 Y60 K5;	加工孔 2～6	N690 G49 G80 G00 Z200;	取消刀具长度补偿及孔固定循环指令，抬刀
N540 G15;	极坐标取消	N700 G91 G28 Z0;	回参考点
N550 G90 X-50 Y0;	加工孔 7	N710 M05;	主轴停转
N560 X50;	加工孔 8	N720 M19;	主轴定向
N570 G49 G80 G00 Z200;	取消孔固定循环指令，抬刀	N730 M06 T06;	调用 6 号 M10 丝锥，准备进行孔 9～12 攻螺纹
N580 G91 G28 Z0;	回参考点	N740 G90 G00 X65 Y40;	定位至孔 9
N590 M05;	主轴停转	N750 M03 S100;	主轴正转，100r/min
N600 M19;	主轴定向	N760 G43 Z50 H06;	建立刀具长度补偿
N610 M06 T05;	调用 5 号 ϕ8.5mm 钻头，准备加工孔 9～12	N770 G99 G84 Z-10 R5 F150;	对孔 9 攻螺纹
N620 G90 G00 X65 Y40;	定位至孔 9	N780 X-65 Y40;	对孔 10 攻螺纹
N630 M03 S600;	主轴正转	N790 X-65 Y-40;	对孔 11 攻螺纹
N640 G43 Z50 H05;	建立刀具长度补偿	N800 X65 Y-40;	对孔 12 攻螺纹
N650 G99 G83 Z-15 R5 Q5 F120;	加工螺纹孔 9	N810 G49 G90 G80 G00 Z200;	取消刀具长度补偿及孔固定循环指令，抬刀
N660 X-65 Y40;	加工螺纹孔 10	N820 G91 G28 Z0;	回参考点
N670 X-65 Y-40;	加工螺纹孔 11	N830 M30;	程序结束
N680 X65 Y-40;	加工螺纹孔 12		

谆谆寄语

山不厌高，海不厌深，学不厌问！

思考与练习

一、选择题

1. 在 FANUC 0i 系统中，程序段 G02 X＿Y＿I＿J＿中，I 和 J 指定（　　）。
A. 起点相对圆心的位置　　　　B. 圆心的绝对距离
C. 圆心相对终点的位置　　　　D. 圆心相对起点的位置

2.（　　）不是建立工件坐标系指令。
A. G55　　　　　B. G57　　　　　C. G54　　　　　D. G53

3. 深孔加工应选用（　　）指令。
A. G81　　　　　B. G82　　　　　C. G83　　　　　D. G84

4. 应在（　　）指令中建立刀具半径补偿。
A. G01 或 G02　　B. G02 或 G03　　C. G01 或 G03　　D. G00 或 G01

5. 在数控铣床上铣一个正方形零件（外轮廓），如果使用的铣刀直径比原来小 1mm，则计算加工后的正方形尺寸（　　）。
A. 小 1mm　　　　B. 小 0.5mm　　　C. 大 1mm　　　　D. 大 0.5mm

6. 有些零件需要在不同的位置上重复加工同样的轮廓形状，应采用（　　）。
A. 比例加工功能　　B. 镜像加工功能　　C. 旋转功能　　D. 子程序调用功能

7. 辅助功能指令 M05 表示（　　）。
A. 主轴顺时针旋转　　　　　　B. 主轴逆时针旋转
C. 主轴停止　　　　　　　　　D. 切削液开

8. "G91 G00 X30.0 Y-20.0;"表示（　　）。
A. 刀具按进给速度移至机床坐标系 $X=30mm$、$Y=-20mm$ 点
B. 刀具快速移至机床坐标系 $X=30mm$、$Y=-20mm$ 点
C. 刀具快速向 X 轴正方向移动 30mm、向 Y 轴负方向移动 20mm
D. 编程错误

9. 整圆的直径为 $\phi 40mm$，要求由点 A（20，0）逆时针圆弧插补并返回点 A，其程序段格式为（　　）。
A. G91 G03 X20.0 Y0 I-20 J0 F50.0；　　B. G03 X20.0 Y0 I-20.0 J0 F50.0；
C. G91 G03 X20.0 Y-20.0 F150.0；　　　D. G90 G03 X20.0 Y0 R-20.0 F150.0；

10. 在坐标点（50，50）处，钻 $\phi 12mm$、深 10mm 的孔，Z 坐标零点位于零件的上表面，正确的程序段为（　　）。
A. G85 X50.0 Y50.0 Z-10.0 R6 F60；　　B. G73 X50.0 Y50.0 Z-10.0 R6 F60；
C. G81 X50.0 Y50.0 Z-10.0 R3.0 F60；　　D. G83 X50.0 Y50.0 Z-10.0 R3.0 F60；

二、判断题

1. 机床的原点就是机械零点，编制程序时必须考虑机床的原点。（　　）
2. 非模态指令只能在本程序段内有效。（　　）
3. G00、G01 指令都能使机床坐标轴准确到位，因此它们都是插补指令。（　　）
4. G01 的进给速率，除由 F 指定外，也可在操作面板上调整旋钮变换。（　　）
5. 铰孔经常作为孔加工的粗加工方法之一。（　　）
6. 钻孔循环中，G98 指令表示加工结束刀具退回 R 点平面。（　　）
7. 曲率变化不大、精度要求不高的曲面轮廓，可采用 3 轴联动加工。（　　）
8. 轮廓编程时"G90 G01 X0 Y0;"与"G91 G01 X0 Y0;"意义相同。（　　）
9. 攻螺纹前的底孔直径过小，会导致丝锥折断。（　　）
10. 子程序结束并返回主程序的指令是 G99。（　　）

三、简答题
1. 顺铣和逆铣的优缺点是什么？该如何确定采用顺铣还是逆铣？
2. 刀具的切入点、切出点如何确定？
3. 刀具半径补偿的目的和意义是什么？
4. 孔加工常用方法有哪些？
5. 孔加工指令固定循环的基本动作有哪些？
6. FANUC 系统提供的特殊功能编程指令有哪些？

项目 4

宏程序应用

- **知识目标**
1. 熟悉宏程序编程知识。
2. 掌握宏程序编程方法。
- **能力目标**

能编制简单零件加工的宏程序。
- **素质目标**
1. 培养稳打稳扎的工作作风。
2. 培养开拓创新精神。

项目引入

某些系列零件、特殊结构（如正多边形、圆周孔、样条曲线结构等）加工，以及设备维护、机床与测头连接等，常采用特殊的编程方法，就是宏程序，也称为变量程序，采用宏程序可大幅度提高生产率。

任务 4.1　正六边形凸台的加工

- **知识目标**
1. 认识宏变量指令编程方法。
2. 掌握简单零件加工的宏程序编程方法。
- **能力目标**

能用宏变量编制简单零件的加工程序。

任务引入

在一些特殊结构（如椭圆、抛物线等二次曲线结构），或在一些多边形结构中可采用变量编程的方式实现加工，如图 4-1 所示正六边形凸台。

知识准备

4.1.1 宏程序的应用范围

在数控机床编程中,宏程序编程灵活、高效、快捷。宏程序不仅可以实现子程序的功能,对编制相同加工操作的程序非常有用,还可以完成子程序无法实现的特殊编程应用,如系列零件加工宏程序、椭圆加工宏程序、抛物线加工宏程序、双曲线加工宏程序等,并且在数控设备维护中也会用到。

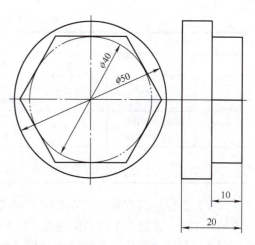

图 4-1 正六边形凸台

4.1.2 宏程序编程知识

1. 宏程序的定义

在程序中使用变量,通过对变量进行赋值及处理的方法达到程序功能,这种含有变量的程序叫作宏程序。宏程序具有灵活、通用和智能等特点,注重结合机床功能参数与编程语言,而且灵活的参数设置也使机床具有最佳的工作性能,同时也给予操作人员极大的自由调整空间。

宏程序编程基础

2. FANUC 0i 系统宏程序

FANUC 0i 系统提供两种用户宏程序,即用户宏程序功能 A 和用户宏程序功能 B。用户宏程序功能 A 是 FANUC 系统的标准配置功能,任何配置的 FANUC 系统都具备此功能;而用户宏程序功能 B 虽然不是 FANUC 系统的标准配置功能,但是绝大部分的 FANUC 系统也都支持用户宏程序功能 B。

3. 变量

普通加工程序直接用数值指定 G 代码和移动距离。例如:G01 和 X100.0。使用用户宏程序时,数值可以直接指定或用变量指定,当用变量指定时,变量值可用程序或用 MDI 设定或修改。例如:

```
#11=#22+123;
G01 X#11 F500;
```

(1)变量的表示 变量需用变量符号"#"和后面的变量号指定。例如:#11。
表达式可以用于指定变量号,这时表达式必须在括号中。例如:#[#11+#12 — 123]。

(2)变量的类型 变量从功能上可归纳为两种,即系统变量和用户变量。系统变量用于系统内部运算时各种数据的存储。用户变量包括局部变量和公共变量,用户可以单独使用,FANUC 0i 系统的变量类型见表 4-1。

表 4-1 FANUC 0i 系统的变量类型

变量名		类型	功能
#0		空变量	该变量总是空，没有值能赋予该变量
用户变量	#1～#33	局部变量	局部变量只能在宏程序中存储数据，如运算结果。断电时，局部变量消除
	#100～#199 #500～#999	公共变量	公共变量在不同宏程序中的意义相同（即公共变量对于主程序和从这些主程序调用的每个宏程序来说是共用的）
	#1000 以上	系统变量	系统变量用于读和写数控程序运行时各种数据变化，如刀具当前位置和补偿值等

（3）小数点的省略　当在程序中定义变量值时，整数值的小数点可以省略。例如：定义 #11=123，变量 #11 的实际值是 123.000。

（4）变量的引用　在程序中使用变量值时，应指定其后变量号的地址。当用表达式指定变量时，必须把表达式放在括号中。例如：G01 X[#11+#22] F#3。

改变引用变量的值的符号，要把负号（-）放在 # 的前面。例如：G00 X-#11。

当引用未定义的变量时，变量及地址都被忽略。例如：当变量 #11 的值是 0，并且 #22 的值是空时，G00 X#11 Y#22 的执行结果为 G00 X0。

注意：所谓的"变量的值是 0"与"变量的值是空"是两个完全不同的概念，可以这样理解，"变量的值是 0"相当于"变量的值等于 0"，而"变量的值是空"则意味着该变量所对应的地址根本不存在、不生效。

不能用变量代表的地址符有程序号 O、顺序号 N、任选程序段跳转号 /。例如，以下情况不能使用变量：

```
O#11;   /O#22 G00 X100.0;    N#33  Y200.0;
```

另外，使用 ISO 代码编程时，可用"#"代码表示变量，若用 EIA 代码编程，则应用"&"代码代替"#"代码，因为 EIA 代码中没有"#"代码。

（5）变量的赋值　赋值是指将一个数据赋予一个变量。例如：#1=0，表示 #1 的值是 0。其中 #1 代表变量，"#"是变量符号（**注意**：根据数控系统的不同，它的表示方法可能有差别），0 就是给变量 #1 赋的值。这里的"="是赋值符号，起语句定义作用。

赋值的规律有：

1）赋值号"="两边内容不能随意互换，左边只能是变量，右边可以是表达式、数值或变量。

2）一个赋值语句只能给一个变量赋值。

3）可以多次给一个变量赋值，新变量值将取代原变量值（即最后一次赋值生效）。

4）赋值语句具有运算功能，它的一般形式为"变量 = 表达式"。

在赋值运算中，表达式可以是变量自身与其他数据的运算结果。例如：#1=#1+1，表示 #1+1 后重新赋值给 #1。

5）赋值表达式的运算顺序与数学运算顺序相同。

6）辅助功能（M 代码）的变量有最大值限制。例如，将 M30 赋值为 300 显然是不合理的。

4. 变量运算

表 4-2 中列出的运算可以在变量中运行。等式右边的表达式可包含常量或由函数或运算符组成的变量。表达式中的变量 #j 和 #k 可以用常量赋值。等式左边的变量也可以用表达式赋值。其中，算术运算主要是指加、减、乘、除、函数等运算，逻辑运算可以理解为比较运算。

表 4-2　FANUC 0i 系统算术和逻辑运算一览表

功能		格式	备注
	定义、置换	#i=#j	
算术运算	加法	#i=#j+#k	
	减法	#i=#j−#k	
	乘法	#i=#j*#k	
	除法	#i=#j/#k	
	正弦	#i=SIN[#j]	三角函数及反三角函数的数值均以（°）为单位指定，如 90°30′应表示为 90.5°
	反正弦	#i=ASIN(#j)	
	余弦	#i=COS[#j]	
	反余弦	#i=ACOS[#j]	
	正切	#i=TAN[#j]	
	反正切	#i=ATAN[#j]/[#k]	
	二次方根	#i=SQRT[#j]	
	绝对值	#i=ABS[#j]	
	舍入	#i=ROUND[#j]	
	指数函数	#i=EXP[#j]	
	（自然）对数	#i=LN[#j]	
	上取数	#i=FIX[#j]	
	下取数	#i=FUP[#j]	
逻辑运算	与	#i=#j AND #k	
	或	#i=#j OR #k	
	异或	#i=#j XOR #k	

以下是对部分算术运算和逻辑运算指令的详细说明。

（1）上取数 #i=FIX[#j] 和下取数 #i=FUP[#j]　数控系统处理数值运算时，无条件地舍去小数部分称为<u>上取数</u>，小数部分进位到整数称为<u>下取整</u>（注意：与数学上的四舍五入对照）。对于负数的处理要特别小心。

例如：假设 #1=1.2，#2=−1.2，当执行 #3=FUP[#1] 时，则 2.0 赋予 #3；当执行 #3=FIX[#1] 时，则 1.0 赋予 #3；当执行 #3=FUP[#2] 时，则 −2.0 赋予 #3；当执行 #3=FIX[#2] 时，则 −1.0 赋予 #3。

（2）混合运算时的运算顺序　上述运算和函数可以混合运算，即涉及运算的优先级，其运算顺序与一般数学上的定义基本一致，优先级顺序从高到低依次为函数运算→乘法、除法、逻辑与运算（*、/、AND）→加法和减法、逻辑或运算和逻辑异或运算（+、-、OR、XOR）。

例如：

$$\#1=\#2+\underbrace{\#3*\underbrace{COS[\#4]}_{1}}_{2}\ ;$$
（整体为 3）

其运算顺序是：1→2→3，即先函数，后乘法，再加法。

（3）括号嵌套 用"[ ]"可以改变运算顺序，最里层的括号 [ ] 优先运算。括号 [ ] 最多可以嵌套 5 级（包括函数内部使用的括号）。当超出 5 级时，触发程序错误 P/S 报警 No.118。

例如：

$$\#6=COS[[[\underbrace{\underbrace{[\#5+\#4]}_{1}*\#3+\#2}_{2}]*\#1]\ ;\ （三重嵌套）$$

其运算顺序按照括号由里到外完成。

（4）逻辑运算说明 相对于算术运算来说，逻辑运算更为特殊和复杂。FANUC 0i 系统逻辑运算说明见表 4-3。

表 4-3 FANUC 0i 系统逻辑运算说明

运算符	功能	逻辑名	运算特点	运算实例
AND	与	逻辑乘	（相当于串联）有 0 为 0	1×1=1，1×0=0，0×0=0
OR	或	逻辑加	（相当于并联）有 1 为 1	1+1=1，1+0=1，0+0=0
XOR	异或	逻辑减	相同为 0，不同为 1	1-1=0，1-0=1，0-0=0，0-1=1

1）加减运算。由于用户宏程序的变量值的精度仅有 8 位十进制数，当在加减运算处理非常大的数时，将得不到期望的结果。

例如：当把下面的值赋给变量 #1 和 #2 时，
#1=9876543277777.777
#2=9876543210123.456
变量值实际上已经变成：
#1=9876543300000.000
#2=9876543200000.000

此时，当编程计算"#3=#1-#2"时，其结果 #3 并不是期望值 67654.321，而是 #3=100000.000，显然误差较大，因为系统是以二进制执行的。

2）逻辑运算。在使用条件表达式 EQ、NE、GT、GE、LT、LE 时，也可能造成误差，其情形与加减运算基本相同。

例如：IF[#1 EQ #2] 的运算会受到 #1 和 #2 的误差的影响，并不总是能估算正确，要求两个值完全相同，有时是不可能的，由此会造成错误的判断，因此改用误差来限制比

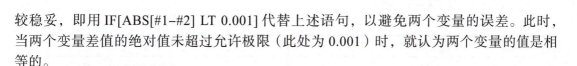

较稳妥,即用 IF[ABS[#1-#2] LT 0.001] 代替上述语句,以避免两个变量的误差。此时,当两个变量差值的绝对值未超过允许极限(此处为 0.001)时,就认为两个变量的值是相等的。

3)三角函数运算。在三角函数运算中会发生绝对误差,它不在 10^{-8} 之内,所以注意使用三角函数后的积累误差。由于三角函数在宏程序上,特别在极具数学代表性的参数方程表达上的应用非常广泛,因此必须对此保持应有的重视。

5. 控制指令

在程序中,使用 GOTO 语句和 IF 语句可以改变程序的流向。有以下三种转移和循环操作可供使用。

$$\text{转移和循环} \begin{cases} \text{GOTO 语句:无条件转移语句} \\ \text{IF 语句:有条件转移语句} \\ \text{WHILE 语句:循环语句} \end{cases}$$

(1)无条件转移(GOTO)语句 转移(跳转)到标有顺序号 n(又称行号)的程序段。当指定 1～99999 以外的顺序号时,会触发 P/S 报警 No.128。其格式为:

GOTO n;

其中,n 为顺序号(1～99999)。例如:GOTO 99;即转移至第 99 段程序段。

(2)有条件转移(IF)语句

1)编程格式 1:

IF [条件表达式] GOTO n;

以上程序段的含义为:

① 如果条件表达式的条件得到满足,则转而执行程序中程序号为 n 的相应操作,程序段号 n 可以由变量或表达式替代。

② 如果表达式中条件未满足,则顺序执行下一段程序。

③ 如果程序做无条件转移,则条件部分可以被省略。

2)编程格式 2:

IF [条件表达式] THEN;

说明:当指定的条件表达式满足时,执行预先决定的宏程序语句。格式 2 只执行一个宏语句。例如"IF[#1 EQ #2] THEN #3=0",表示如果 #1 和 #2 的值相同,就把 0 赋给 #3。

3)运算符:用于两个值的比较,见表 4-4。

表 4-4 运算符

运算符	含义
EQ	等于 (=)
NE	不等于 (≠)
GT	大于 (>)

(续)

运算符	含义
GE	大于或等于（≥）
LT	小于（<）
LE	小于或等于（≤）

（3）循环（WHILE）语句　编程格式：

WHILE[条件表达式] DO m；（m=1，2，3）
…；
END m；

以上程序段的含意为：

1）条件表达式满足时，程序段 DO m 至 END m 即循环执行。

2）条件表达式不满足时，程序转到 END m 后处执行。

3）"DO"后面的号是指定程序执行范围的标号，标号值为 1、2、3。如果使用了 1、2、3 以外的值，会触发 P/S 报警 No.126。

注意：

① WHILE DO m 和 END m 必须成对使用。

② DO 语句允许有 3 层嵌套，即：

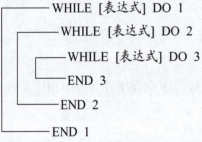

③ DO 语句范围不允许交叉，当程序有交叉重复循环（DO 范围的重叠）时，会触发 P/S 报警 No.124。例如，如下语句是错误的。

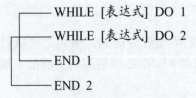

6. 宏程序的调用 G65、G66

宏程序可以用非模态调用（G65）、模态调用（G66）或 G 代码和 M 代码等来调用。宏程序调用不同于子程序调用（M98），具体区别如下：

① 用 G65 可以指定自变量（数据传送到宏程序），M98 没有该功能。

② 当 M98 程序段包含另一个数控指令（例如 G01 X100.0 M98 Pp）时，在指令执行之后调用子程序。相反，G65 无条件地调用宏程序。

③ 当 M98 程序段包含另一个数控指令（例如 G01 X100.0 M98 P*p*）时，在单程序段方式中，机床停止。相反，执行 G65 时机床不停止。

④ 用 G65 可改变局部变量的级别，用 M98 不能改变局部变量的级别。

（1）非模态调用（G65）

格式：G65 P*p* L*l* <自变量指定>；

说明：格式中的 *p* 为要调用的程序号；*l* 为调用次数（默认为 1，范围为 1～9999）。当指定 G65 时，调用地址 P 指定的用户宏程序。数据（自变量）能传递到用户宏程序体中。用 G65 调用宏程序的流程如图 4-2 所示。

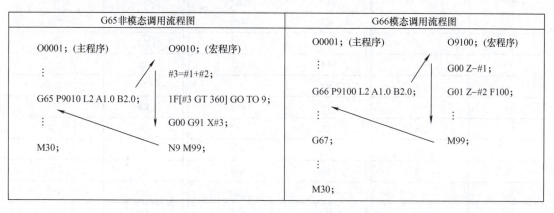

图 4-2 用 G65 调用宏程序的流程

（2）模态调用（G66）

格式：G66 P*p* L*l* <自变量指定>；
　　　G67；取消模态调用

说明：

1）G66 为指定模态调用，即在指定轴移动的程序段后调用宏程序。G67 指令取消模态调用。格式中的 *p*、*l*、自变量指定同指令 G65。

2）调用可以嵌套 4 级，包括非模态调用（G65）和模态调用（G66）；宏程序嵌套时，局部变量也分别从 0 级到 4 级嵌套，主程序为 0 级。

3）在只有辅助功能但无移动指令的程序段中不能调用宏程序。

（3）自变量指定　可用两种形式的自变量指定，自变量指定 I（见表 4-5）使用除了 G、L、O、N 和 P 以外的字母，每个字母指定一次。自变量指定 II（见表 4-6）使用 A、B、C，以及 I*i*、J*i* 和 K*i*（*i* 为 1～10），根据使用的字母，自动地改变自变量指定的类型。

表 4-5　自变量指定 I

地址	变量号	地址	变量号	地址	变量号
A	#1	E	#8	J	#5
B	#2	F	#9	K	#6
C	#3	H	#11	M	#13
D	#7	I	#4	Q	#17

(续)

地址	变量号	地址	变量号	地址	变量号
R	#18	U	#21	X	#24
S	#19	V	#22	Y	#25
T	#20	W	#23	Z	#26

表 4-6　自变量指定 II

地址	变量号	地址	变量号	地址	变量号
A	#1	K3	#12	J7	#23
B	#2	I4	#13	K7	#24
C	#3	J4	#14	I8	#25
I1	#4	K4	#15	J8	#26
J1	#5	I5	#16	K8	#27
K1	#6	J5	#17	I9	#28
I2	#7	K5	#18	J9	#29
J2	#8	I6	#19	K9	#30
K2	#9	J6	#20	I10	#31
I3	#10	K6	#21	J10	#32
J3	#11	I7	#22	K10	#33

（4）限制

1）格式：任何自变量前必须指定 G65。

2）自变量指定 I、II 的混合：数控系统内部自动识别自变量指定 I 和 II。如果自变量指定 I 和 II 混合指定，则后指定的自变量类型有效。

3）小数点的位置：没有小数点的自变量数据的单位为各地址的最小设定单位。传递的没有小数点的自变量的值根据机床实际的系统配置变化。在宏程序调用中使用小数点可使程序兼容性好。

4）调用嵌套：调用可以嵌套 4 级，包括非模态调用（G65）和模态调用（G66），但不包括子程序调用 M98。

5）局部变量的级别：局部变量嵌套从 0 级到 4 级，主程序是 0 级，宏程序每调用 1 次，局部变量级别加 1。前 1 级的局部变量值保存在数控系统中，当宏程序中执行 M99 时，控制返回到调用的程序。此时，局部变量级别减 1，并恢复宏程序调用时保存的局部变量值。

任务实施

加工如图 4-1 所示正六边形凸台，毛坯尺寸为 ϕ50mm×20mm，材料为 45 钢。已知正六边形的内切圆直径为 40mm，正六边形的轮廓高度为 10mm，编写加工宏程序。

1. 程序原点及工艺路线

采用自定心卡盘装夹，工件坐标系原点设定在工件上表面中心处。

2. 变量设定

变量设定见表 4-7。

表 4-7 变量设定

变量	含义
#1=(A)	正 N 边形的边数
#2=(B)	正 N 边形的内切圆半径
#3=(C)	正 N 边形的高度
#4=(I)	四分之一圆弧切入的半径
#7=(D)	平底立铣刀半径
#9=(F)	进给速度
#11=(H)	Z 方向自变量赋初值
#17=(Q)	自变量每层递增量

3. 刀具选择

选择 ϕ20mm 平底立铣刀。

4. 参考程序

正六边形凸台加工程序见表 4-8 和表 4-9。

表 4-8 主程序

加工程序	说明
O0513;	主程序
G28 G91 Z0;	
G17 G40 G49 G80;	
M03 S1200;	
G54 G90 G00 X0.Y0.;	
G43 H01 Z30.;	
G65 P1513 A6.B40.C20.I10.D10.H0.Q2.F300.;	调用子程序
M05;	
M30;	

表 4-9 子程序

加工程序	说明
O1513;	子程序
#10=360/#1;	正六边形的圆心角
#5=#2+#7;	初始刀位点到原点距离
#6=#5/COS[#10/2];	刀具运动轨迹的正六边形外接圆半径

（续）

加工程序	说明
G00 X#4 Y-[#5+#4];	快速移至四分之一圆弧起刀点
Z[#11+1.];	快速下降至当前加工平面#11+1.处
WHILE[#11GT-#3] DO1;	当#11>#3时，循环1继续
#11=#11-#17;	铣刀Z方向的坐标值
G01 Z#11 F[0.2*#9];	Z向直线插补到当前加工深度
G03 X0.Y-#5 R#4 F#9;	四分之一圆弧切入
#12=0;	刀具加工的边数赋初值
WHILE[#12LT#1] DO2;	当#12<#1时，循环2继续
#20=-[90+#10/2]-#12*#10;	刀具与圆心连线和X轴所成夹角
#21=#6*COS[#20];	刀具中心X坐标值
#22=#6*SIN[#20];	刀具中心Y坐标值
G01 X#21 Y#22 F#9;	沿轮廓走刀
#12=#12+1;	加工边数加1
END2;	结束循环2
X0.;	刀具移动到X向0点
G03 X-#4 Y-[#5+#4] R#4 F[2*F#9];	四分之一圆弧切出
G01 X#4;	G01走刀到X#4
END1;	结束循环1
G00 Z30.;	快速提刀到初始平面
M99;	程序结束返回

任务 4.2 椭圆轴的编程与加工

- 知识目标

掌握数控车削宏程序编程方法。

- 能力目标

能用宏指令编制简单零件的车削宏程序。

数控车削宏程序应用

任务引入

二次曲线在一些特殊零件轮廓中较常见，如椭圆、抛物线、双曲线等。如图4-3所示为椭圆轴。

任务实施

加工如图 4-3 所示椭圆轴,编写该零件外圆面的加工宏程序。

1. 程序原点及工艺路线

采用自定心卡盘装夹,工件坐标系原点设定在椭圆中心上。

2. 变量设定

变量设定见表 4-10。

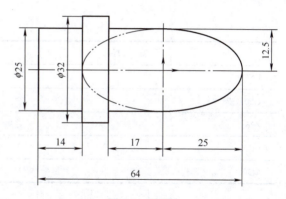

图 4-3 椭圆轴

表 4-10 变量设定

变量	说明
#1=12.5;	椭圆短半轴
#2=25;	椭圆长半轴
#3=0.5;	起始处椭圆离心角
#5=90;	终止处椭圆离心角

3. 参考程序

椭圆轴加工程序见表 4-11。

表 4-11 椭圆轴加工程序

加工程序	说明
O0271;	
T0101;	
M03 S800;	
G00 X2 Z26;	X、Z 向加工起点
#1=12.5;	椭圆短半轴
#2=25;	椭圆长半轴
#3=0.5;	起始处椭圆离心角
#5=90;	终止处椭圆离心角
#4=0.5;	角度值每次增加量
WHILE [#3 LT #5] DO2;	循环判定条件
#6=#2*COS[#3];	Z 轴坐标
#7=2*#1*SIN[#3];	X 轴坐标
G01 X#7 Z-[#6] F150;	加工椭圆
#3=#3+#4;	椭圆离心角递增

(续)

加工程序	说明
END2	
G00 X32;	
Z26;	退刀
M05;	
M30;	

任务 4.3 孔系零件的编程与加工

- 知识目标

掌握加工中心宏程序编程方法。

- 能力目标

能用宏指令编制简单零件的铣削宏程序。

任务引入

在一些有规律的结构中，可以用宏程序编写程序，在系列零件加工中能节省很多的时间，提高效率，如图 4-4 所示孔系零件。

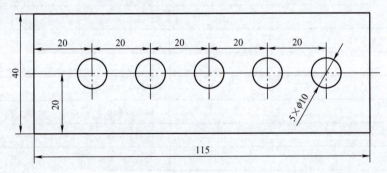

图 4-4 孔系零件

任务实施

加工如图 4-4 所示孔系零件，编写孔系零件加工宏程序。

1. 程序原点及工艺路线

采用机用虎钳装夹，工件坐标系原点设定在工件左下角。

2. 变量设定

变量设定见表 4-12。

表 4-12 变量设定

变量	说明
#1=20	第一孔中心的 X 坐标
#2=20	第一孔中心的 Y 坐标
#3=0	孔间距
#4=5	孔数

3. 刀具选择

T01 为中心钻（A3），T02 为麻花钻（ϕ10mm）。

4. 参考程序

孔系零件加工程序见表 4-13。

表 4-13 孔系零件加工程序

加工程序	说明
O1000;	
T01 M06;	调用中心钻
G90 G54 G00 X0 Z50 Y0 M03 S300 M08;	
#1=20;	第一孔中心的 X 坐标
#2=20;	第一孔中心的 Y 坐标
#3=20;	孔间距
#4=5;	孔数
N10 G99 G81 X#1 Y#2 Z-2 R5 F50;	孔加工模式
#1=#1+#3;	计算 X 方向孔加工位置
#4=#4-1;	计算孔数
IF[#4 GE 0] GOTO 10;	条件判定语句
G80 X0 Y0;	取消固定循环
G00 Z15 M05 M09;	
T02 M06;	换 ϕ10mm 麻花钻
G90 G54 G00 X0 Y0 M03 S300;	
Z50 M08;	
#1=20;	第一孔中心的 X 坐标
#2=20;	第一孔中心的 Y 坐标
#3=20;	孔间距
#4=5;	孔数
N20 G99 G81 X#1 Y#2 Z-5 R5 F50;	孔加工模式
#1=#1+#3;	计算 X 方向孔加工位置
#4=#4-1;	计算孔数

(续)

加工程序	说明
IF[#4 GE 0] GOTO 20;	条件判定语句
G80 X0 Y0;	取消固定循环
G00 Z15 M05 M09;	
M30;	

任务 4.4　半球体的编程与加工

加工中心宏程序应用

- 知识目标

掌握三维零件的编程方法。

- 能力目标

能用宏指令编制简单三维零件的宏程序。

任务引入

宏程序也可以实现立体结构零件的加工，如图 4-5 所示半球体。

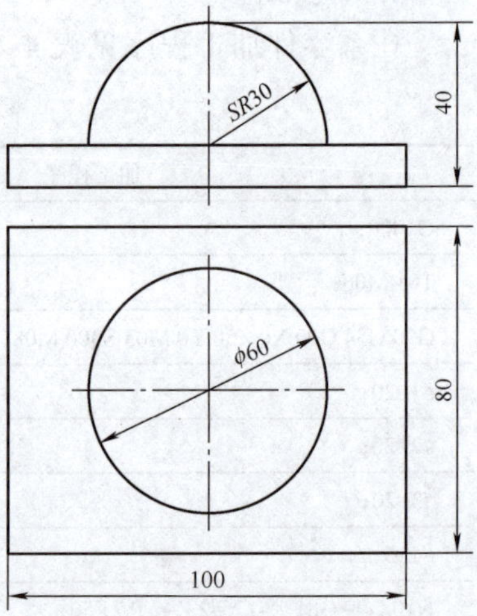

图 4-5　半球体

任务实施

加工如图 4-5 所示半球体，工件材料为 45 钢，零件上有一半球体，编写半球体零件精加工宏程序。

1. 程序原点及工艺路线

采用自定心卡盘装夹，工件坐标系原点设定为球面中心，如图 4-6 所示。

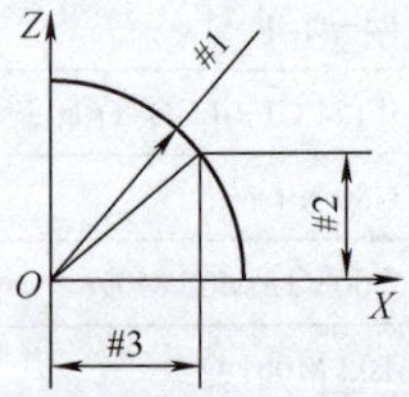

2. 变量设定

变量设定见表 4-14。

图 4-6　工件坐标系及变量

表 4-14　变量设定

变量	说明
#1=30	凸半球体半径
#2=0	凸半球体 Z 方向起始值
#3=30	凸半球体 X 方向值

3. 编程方法及刀具选择

1) 加工回转面为直角三角形，可用解三角形法建立模型。

2）走刀路线：自上而下或自下而上。
3）刀具选择：ϕ16mm 球头铣刀。

4. 参考程序

半球体加工程序见表 4-15。

表 4-15　半球体加工程序

加工程序	说明
O0909;	
T01 M06;	调用 ϕ16mm 球头铣刀
G17 G90 G54 G40 G49 G80;	
G43 G00 Z50 H01 M03 S540;	
#1=30;	凸半球体半径
#2=0;	凸半球体 Z 方向起始值
N10 #3=SQRT[[#1*#1−#2*#2]];	计算 X 方向值
G42 G01 X[#3] F100 D1;	X 方向加右刀补
Z[#2] F100;	Z 方向进给
G03 I[−#3] F150;	逆时针铣削
#2=#2+1;	#2 赋值，Z 方向高度递增
IF[#2 LE 30] GOTO10;	#2≤30 时跳至 N10
G40 G01 X0 Y0;	
G00 Z50;	
M05 M09;	
M30;	

谆谆寄语

立大志，明大德，成大才！

思考与练习

一、选择题

1. 在变量赋值方法 Ⅱ 中，自变量地址 16 对应的变量是（　　）。
A. #40　　　　B. #39　　　　C. #19　　　　D. #26
2. 在运算指令中，形式为 #i=ROUND[] 代表的意义是（　　）。
A. 圆周率　　　B. 圆弧度　　　C. 四舍五入整数化　　D. 加权平均

3. 下列宏程序的变量表示不正确的是（　　）。
   A. #0　　　　　B. #[200-1]　　　C. #10　　　　　D. #[#57]
4. 在变量赋值方法Ⅰ中，引数（自变量）A 对应的变量是（　　）。
   A. #22　　　　　B. #1　　　　　C. #110　　　　D. #25
5. 在运算指令中，形式为 #i=SQRT[#j] 代表的意义是（　　）。
   A. 矩阵　　　　B. 二次方根　　　C. 积数　　　　D. 权数
6. 宏指令的比较运算符中，"EQ"表示（　　）(FANUC 系统、华中系统)。
   A. 等于　　　　B. 不等于　　　　C. 大于　　　　D. 小于或等于
7. 宏程序中大于或等于的运算符为（　　）(FANUC 系统、华中系统)。
   A. LE　　　　　B. EQ　　　　　C. NE　　　　　D. GE
8. G65 代码是 FANUC 数控系统中的调用（　　）功能。
   A. 子程序　　　B. 宏程序　　　　C. 参数　　　　D. 刀具
9. 运算式 #J GT #K 中的关系运算符 GT 表示（　　）(FANUC 系统、华中系统)。
   A. 与　　　　　B. 非　　　　　　C. 大于　　　　D. 加
10. 宏程序中小于或等于的运算符为（　　）(FANUC 系统、华中系统)。
    A. LE　　　　　B. EQ　　　　　C. NE　　　　　D. GE

二、判断题

1. 局部变量：#1～#33；公共变量：#100～#199，断电也能保护。（　　）
2. 在下面的例子中，"O#1；N#3 Y200.0；/#2 G00 X10.;"都能使用变量。（　　）
3. 系统变量的属性为只能读。（　　）
4. 宏程序的运算是不分顺序的。（　　）
5. WHILE 语句中，DO m 和 END m 不必成对使用。（　　）
6. 变量中使用负号时不一定把负号放在"#"的前面。（　　）
7. 调用宏程序体，只能使用 G65、G66 和 G67 指令。（　　）
8. 宏程序的调用只能使用 G 代码调用。（　　）
9. GOTO n 指的是无条件转移语句。（　　）
10. 可使用循环语句 WHILE　DO1…END10。（　　）

三、简答题

1. 数控宏程序的编程特征和优点分别是什么?
2. 宏程序变量有哪几种类型?
3. 宏程序变量的使用有哪些特点?

项目 5
数控电火花线切割机床编程与加工

- 知识目标
1. 熟悉数控电火花线切割机床的结构、功能。
2. 掌握数控电火花线切割手工编程。
3. 掌握数控电火花线切割自动编程。
- 能力目标
1. 掌握数控电火花线切割机床的使用方法。
2. 能对较为复杂的零件进行3B编程。
- 素质目标
1. 培养认真细心的工作作风。
2. 培养爱岗敬业精神。

项目引入

数控电火花线切割机床是一种特殊的机床,其加工原理是采用放电形式进行加工,可以加工是直棱、直角的板类结构,以及缝隙很小的结构,弥补了数控车床和加工中心加工能力的不足,此类机床在生产中很常见。

任务 5.1 数控电火花线切割机床的认识与操作

- 知识目标
1. 认识线切割机床的结构。
2. 了解线切割机床各部分的功能。
- 能力目标
1. 掌握线切割机床的使用方法。
2. 掌握线切割加工的操作流程。

数控电火花线切割机床认识

任务引入

加工如图 5-1 所示板类零件,为了获得较好的尖角结构,需要特殊的加工设备,如数控电火花线切割机床。

知识准备

5.1.1 数控电火花线切割机床的认识

数控电火花线切割加工属于特种加工的范畴，是指用线状电极丝（铜丝或钼丝）靠火花放电对工件进行切割，因此称为电火花线切割。电火花线切割技术不受材料性能的限制，可以加工任何硬度、强度、脆性的导电材料，在现阶段的机械加工中占有很重要的地位。

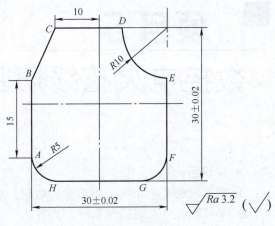

图 5-1 板类零件

如图 5-2 所示，数控电火花线切割机床一般由机床本体和控制电源柜两部分组成。图 5-2a、b 所示分别为机床本体的主视图和左视图，图 5-2c 所示为控制电源柜的示意图。

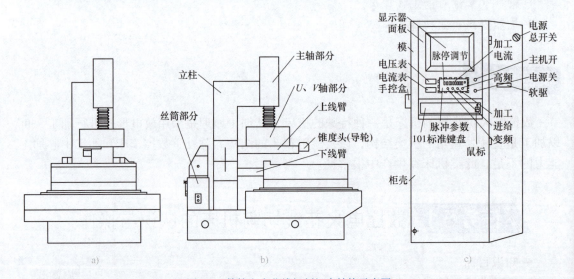

图 5-2 数控电火花线切割机床结构示意图

1. 数控电火花线切割机床的种类

数控电火花线切割机床按其电极丝的移动方式与走丝速度的不同，可以分为数控高速走丝电火花线切割机床、数控低速走丝电火花线切割机床，高速走丝机床又称快走丝线切割机床，低速走丝机床又称慢走丝线切割机床。

（1）快走丝线切割机床　快走丝线切割机床的电极丝在加工过程中做高速往复运动，一般走丝速度为 8~10m/s，电极丝可往复使用。电极丝一般使用的是钨钼丝或者钼丝，工作液主要使用的是乳化液。

（2）慢走丝线切割机床　慢走丝线切割机床的走丝速度一般不高于 0.2m/s，电极丝在加工过程中做低速单向运动，电极丝多为铜丝且放电加工零件后不再使用。工作液主要采用的是去离子水和煤油。

（3）快走丝和慢走丝线切割机床的工艺指标对比　快走丝和慢走丝线切割机床的工艺指标对比见表 5-1。由表 5-1 中的工艺指标对比可以看出，慢速走丝线切割机床的实用加工精度和最大加工速度要远远高于快走丝线切割机床。

表 5-1　快走丝和慢走丝线切割机床的工艺指标对比

机床类型	工艺指标		
	实用加工精度 /μm	实用表面粗糙度（Ra）/μm	最大加工速度 /（mm^2/min）
快走丝线切割机床	10	0.5	200
慢走丝线切割机床	3	0.2	500

2. 数控电火花线切割机床的加工原理

装夹在工作台上的工件作为正极，电极丝作为负极，脉冲电源发出一连串的脉冲电压加载到正电极和负电极上，当金属丝和工件之间的距离小到一定距离时，在脉冲电压的作用下，工作液被电压击穿，形成间隙放电，形成放电通道，产生瞬时高温，使工件上的局部金属在短时间内熔化或者汽化而被去除。

3. 数控电火花线切割机床各部分结构

本项目以北京迪蒙卡特机床有限公司生产的 CTW320-TB 线切割机床为例进行机床各部分的具体介绍。

（1）床身和立柱　床身（图 5-3）和立柱（图 5-4）是数控高速走丝电火花线切割机床的基础结构，该机床采用大截面式的立柱结构，结构紧凑，整机刚性好。立柱作为构件安装在床身上，床身起支承作用。床身和立柱经过时效处理消除内应力，以尽可能减小变形。床身具有足够刚性，抗振性好，热变形小。

图 5-3　床身

图 5-4　立柱

（2）工作台　如图 5-5 所示，工作台主要用来支承和装夹工件。零件的加工通过工作台与电极丝的相对运动来完成。机床的工作台纵横向移动采用滚动直线导轨副，既有益于提高数控系统的响应速度和灵敏度，又能实现高定位精度和重复定位精度，有效地保证了工件的加工精度。工作台纵横向移动，采用混合式步进电动机带动精密滚珠丝杠转动，滚珠丝杠副采用内循环双螺母。

（3）运丝机构 运丝机构用来控制电极丝以一定的速度运动，并保持一定的张力；电极丝做往复运动，并将电极丝以一定的间距整齐地缠绕到储丝筒上。数控电火花线切割机床的运丝机构主要由线架、导轮、储丝筒、导电块、张力机构组成。

1）线架。如图5-6所示，线架分为上、下线臂，线架上装有导轮、导电块、高频电源线以及电极丝等部件。上、下线臂应保持清洁，以免切下来的金属切屑与线臂接触而发生短路现象，以致影响切割效率。

图5-5 工作台

图5-6 线架

2）导电块（图5-7）。数控高速走丝电火花线切割机床加工电极丝所带的负电是通过与导电块的接触获得的。导电块的接触电阻要小，另外，导电块与高速移动的电极丝需要长时间的接触、摩擦，因此导电块必须要耐磨，一般采用耐磨性和导电性都比较理想的硬质合金作为导电块材料。长期使用后导电块会出现沟槽，这时应该更换新的导电块。

3）导轮（图5-7）。数控高速走丝电火花线切割机床在工作时，导轮要承担电极丝的高速移动，一般采用由滚动轴承支承的导轮形式。导轮的V形槽应有较高的精度，槽底的圆弧半径必须小于所选用的电极丝半径，以保证电极丝在导轮槽内运动时不会产生横向运动。在满足一定的强度要求下，应尽量减小导轮质量，另外导轮槽的工作面应有足够的硬度、较小的表面粗糙度值。导轮是线架部分的关键精密部件，要精心维护和保养，导轮安装在导轮套中，可以通过调整上、下导轮套保证钼丝与工作台完全垂直。

4）储丝筒。如图5-8所示，储丝筒是电极丝高速运行与整齐排绕储丝的关键部件之一。储丝筒在高速转动时，同时应有相应的轴向移动，这样就可以使电极丝整齐地缠绕在储丝筒上；储丝筒具有正、反向旋转功能，可以使电极丝进行往返缠绕。为了保证储丝筒运转平稳，储丝筒的转动惯量要小，筒壁应尽量薄。

项目 5　数控电火花线切割机床编程与加工

图 5-7　导电块、导轮

图 5-8　储丝筒

5）张力机构（图 5-9）。电火花线切割加工过程中，电极丝经受交变应力及放电时的热轰击，随着加工时间的增加会伸长而变得松弛，影响加工精度和表面粗糙度。若机床没有张力机构，在加工中就需要人工紧丝，加工大工件时就会明显影响加工质量。

（4）工作液循环系统　如图 5-10 所示，工作液循环系统为加工提供有一定绝缘性能的工作液，专门设计的带有滤芯的过滤系统使工作液使用周期更长，切割质量提高，工作环境改善。

图 5-9　张力机构

图 5-10　工作液循环系统

其工作过程为：工作液泵将工作液吸入，通过过滤筒将工作液的大部分杂质及蚀除物都过滤掉；经过过滤的工作液进入上液管，分别送到上、下丝壁进液管，用阀门调节其供给量的大小；加工后的废液沿工作台的液槽流入回液管，经过过滤网后，进入工作液箱，由工作液泵吸入重复使用。

（5）数控电源控制柜　如图 5-11 所示，数控电源控制柜包含控制系统和自动编程系统。其内装有电火花线切割加工自动编程系统，能够绘制电火花线切割加工轨迹图，实现自动编程，并对电火花线切割加工的全过程进行自动控制。

5.1.2　数控电火花线切割机床的操作

在进行数控电火花线切割加工之前，熟练掌握线切割机床的操作是必要的。图 5-2 所示为 CTW320-TB 电火花线切割机床的结构

图 5-11　数控电源控制柜

153

示意图。下面对其电源控制柜以及操作加工步骤进行介绍。

1. 电源控制柜面板介绍

1）电源总开关：接通或断开电源控制柜的总电源。

2）操作面板主机开按键：启动电源控制柜系统。

3）电源关闭按键（急停）：关闭电源控制柜系统。

4）进给调节：用于调节切割加工时的进给速度。

5）脉停调节：用于调节加工电流的间歇时间。

6）变频、进给、加工、高频按键：实际加工中的作用按键，加工时必须将其全部按下。

7）加工电流：用于调节加工峰值电流，有九档，每打开一档电流大小就会叠加一次。

8）键盘：用于输入程序和参数。

9）手控盒：用于移动工作台，以及控制开丝、开水等功能。

2. 数控电火花线切割机床操作

（1）开机　沿顺时针方向旋转电源总开关，沿箭头方向解除急停按钮，按操作面板上的绿色主机启动键，打开电源控制柜系统，屏幕显示进入计算机系统，如图 5-12 所示。

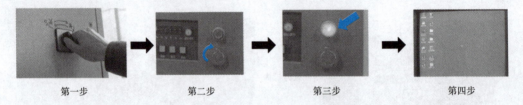

图 5-12　数控电火花线切割机床开机过程

（2）进入加工系统　在计算机桌面单击"开始"，选择"关闭计算机"，弹出"关闭 Windows"界面，选择最后一项"重新启动计算机并切换到 MS-DOS 方式"，在 DOS 界面输入"cnc2"并按回车键，等待进入加工主界面，在加工主界面选择第一项"进入加工状态"，选择"无锥度加工"后进入加工界面，如图 5-13 所示。

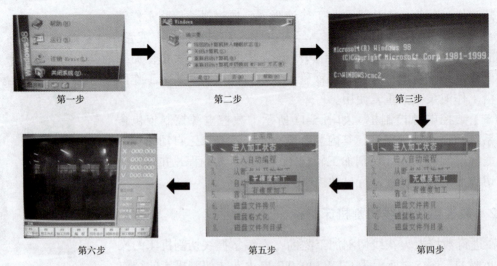

图 5-13　进入数控电火花线切割机床加工系统步骤

（3）装夹零件　通过压板或相应夹具将零件进行装夹，装夹时注意压板不能干涉需要加工的区域。

（4）输入程序　在键盘上按 <F4> 键进入程序编辑窗口，使用键盘输入程序后，按 <F5> 键显示要加工零件的轮廓，检验程序是否正确。图形显示正确后，按 <F6> 键，输入间隙补偿量 0.1，并在显示屏右下角检查间隙补偿量是否已经设定好，间隙补偿量设定完成后，按 <F7> 键进行加工预演，检查程序加工轨迹是否正确，如图 5-14 所示。

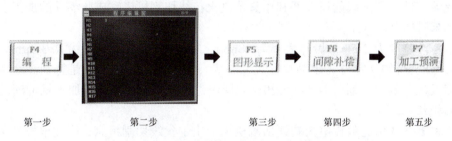

第一步　　　　　　第二步　　　　　　第三步　　　　第四步　　　　第五步

图 5-14　在机床输入程序及加工演示步骤

（5）靠边定位　在加工预演检查正确后，按 <F1> 键以及控制电柜上绿色的进给按键，通过手控盒上的 X 轴和 Y 轴的按键移动工作台，将电极丝调整至距进丝口 5mm 左右，并按 <Esc> 键回到加工主界面，选择靠边定位功能，选择正确的走丝方向，进行靠边定位，将工件的起始边作为零位，如图 5-15 所示。

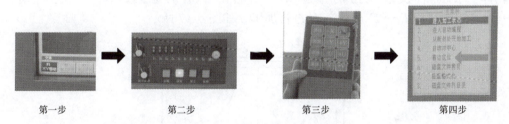

第一步　　　　　　第二步　　　　　　第三步　　　　　　第四步

图 5-15　靠边定位具体步骤

（6）加工　在靠边定位结束后，按下手控盒上的开丝、开水键，检查机床的电极丝和工作液循环是否正常，正常后，单击电源控制柜面板上的变频、进给、加工三个绿色功能键，再按 <F8> 键选中开始加工，最后单击电源控制柜面板上高频按键开始进行零件的加工，如图 5-16 所示。

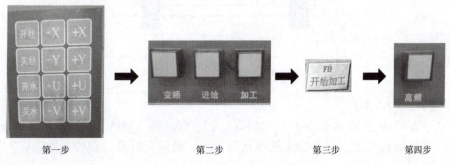

第一步　　　　　　第二步　　　　　　第三步　　　　　　第四步

图 5-16　线切割加工操作的具体步骤

任务实施

加工如图 5-1 所示板类零件，零件的轮廓是由直线和圆弧组成的，零件的材料为 SUS304，厚度为 2mm，表面粗糙度要求为 $Ra3.2\mu m$。要求选取合适的线切割机床和电极丝，完成该零件工艺路线的设计并利用数控电火花线切割机床完成此零件的加工。

1. 机床的选取

根据零件厚度为 2mm，尺寸大小为 30mm×30mm，表面粗糙度为 $Ra3.2\mu m$，材质为 SUS304，分析得知，零件轮廓简单，尺寸不大，表面粗糙度要求不是特别高。考虑到加工成本以及加工效率，通过表 5-1 可知，利用快走丝线切割机床进行加工就可满足要求。

2. 电极丝的选取

加工本零件选用的数控电火花线切割机床为快走丝线切割机床，因此电极丝选取快走丝线切割机床常用的钼丝。

3. 装夹工件及确定工艺路线

1）使用悬臂法用压板装夹零件，尽量选择工艺基准作为电极丝的定位基准，确保电极丝相对于工件有正确的位置。

2）根据从远离夹具的方向开始加工，最后转向工件夹具的方向，减少由于材料割断后残余应力的重新分布引起的变形的原则，设计工艺路线按照 $A \rightarrow B \rightarrow C \rightarrow D \rightarrow E \rightarrow F \rightarrow G \rightarrow H$ 进行加工，如图 5-17 所示。

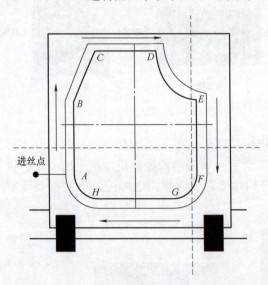

图 5-17　零件装夹及工艺路线

4. 操作机床加工零件

开机；按 <F4> 键输入表 5-5 中的程序；按 <F6> 键，输入间隙补偿量 0.1mm；按 <F7> 键，进行仿真验证，检查加工轨迹是否正确；最后进行靠边定位并加工。

任务 5.2　数控电火花线切割工艺与编程

- 知识目标
1. 了解数控电火花线切割加工工艺。
2. 了解数控电火花线切割机床常用装夹方法。
3. 学习数控电火花线切割 3B 编程。
- 能力目标
1. 能根据零件制订合理的加工路线。
2. 能根据零件完成手工 3B 编程。
3. 能使用 CAXA 线切割自动编程软件生成零件的加工程序。

任务引入

板类零件的加工设备选定后，需要设计加工工艺及选择合理的电参数，用加工程序实现加工，数控电火花线切割机床系统提供了手工编程和自动编程两种方法，是很实用的编程工具。

知识准备

5.2.1　数控电火花线切割机床加工工艺基础

1. 线切割机床的选取

数控线切割机床按照走丝的速度可分为快走丝线切割机床和慢走丝线切割机床，慢走丝线切割机床的造价比快走丝线切割机床要昂贵很多，从表 5-2 中可以看出，快走丝线切割机床加工精度相对于慢走丝线切割机床较低，但其加工成本较低，电极丝一般采用钨丝或钼丝，可反复使用，因此在加工精度要求不是特别高的情况下一般采用快走丝线切割机床。慢走丝线切割机床加工精度较高，但其加工成本也非常高，因此一般在加工精度要求较高的零件时才会使用慢走丝线切割机床。

表 5-2　快走丝线切割机床和慢走丝线切割机床参数对比

机床类型	快走丝线切割机床	慢走丝线切割机床
走丝速度	5～10m/s	低于 0.2m/s
加工精度	尺寸精度：10μm 表面粗糙度：Ra1.5μm	尺寸精度：3μm 表面粗糙度：Ra0.2μm
电极丝	钼丝、钨丝 （反复使用直到丝断）	黄铜丝 （单向运动，不可重复使用）
加工成本	较为经济	较高

2. 电极丝的选取

电极丝需具有良好的导电性和抗电性，抗拉强度高，材质均匀。

（1）常用的电极丝

1）钼丝（快）：抗拉强度高。

2）钨丝：抗拉强度高，一般适于各种窄缝的精加工。

3）黄铜丝（慢）：加工表面粗糙度值小，平直度较好，抗拉强度低且损耗大，一般适用于慢走丝线切割机床。

（2）电极丝选取要求　电极丝直径选择应根据切缝宽窄、工件厚度和拐角尺寸来选择。

3. 数控线切割机床常用的装夹方法

（1）悬臂式装夹　如图5-18所示，悬臂式装夹工件时，工件一端被装夹，另一端悬空，适合于加工要求不高或悬臂较短的情况。

（2）两端支承法装夹　如图5-19所示，两端支承法装夹时，装夹方便、稳定、定位精度高，但不适合于较大工件。

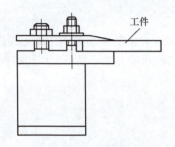

图5-18　悬臂式装夹

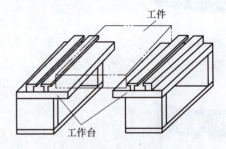

图5-19　两端支承法装夹

（3）桥式装夹　如图5-20所示，桥式装夹通过在夹具上放置垫铁后再进行装夹，这种装夹方式适用于多种尺寸的零件，通用性强。

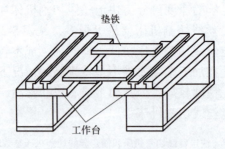

图5-20　桥式装夹

根据以上三种常用的装夹方法，结合本零件的尺寸选取悬臂式装夹就可满足要求。

4. 电参数的选取

（1）电参数的含义及作用

1）加工电流I：厚的工件，选择较大的加工电流。

2）脉冲宽度t_i：按表面粗糙度要求来选择。脉冲宽度越大，单个脉冲能量越大，切割效率越高，表面粗糙度值越大。

3）脉冲间隔 t_o/t_i：工件厚度大，切割加工排屑时间长，脉冲间隔大。

（2）电参数的选取要求　不同加工类型的电参数选取见表 5-3。

表 5-3　不同加工类型的电参数选取

加工类型	脉冲宽度 $t_i/\mu s$	加工电流 I/A	脉冲间隔 t_o/t_i
快速切割（$Ra>2.5\mu m$）	20～40	大于 12	为实现稳定加工，一般选择 $t_o/t_i \geq 3$
半精加工（$Ra=1.25～2.5\mu m$）	6～20	6～12	
精加工（$Ra<1.25\mu m$）	2～6	4.8 以下	

5. 工艺路线的规划

在规划加工工艺路线时，加工路径要遵循从远离夹具的方向开始加工，最后转向工件夹具的方向的原则，这样会减少由于材料割断后残余应力的重新分布引起的变形。工艺路线如图 5-21 所示，图 5-21a 所示工艺路线是不正确的，图 5-21b 所示工艺路线符合上面提到的工艺路线原则。

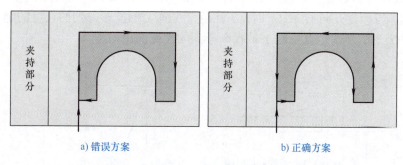

图 5-21　工艺路线的设计

5.2.2　数控电火花线切割机床的手工编程与加工

在进行线切割加工之前，必须要学习线切割编程语言，通过编程语言可以控制机床按照零件加工要求加工零件。线切割加工编程语言中，3B 编程是应用广泛的一种语言。

1. 3B 直线编程

（1）3B 直线编程的通用格式　3B 直线编程的通用格式见表 5-4。

表 5-4　3B 直线编程的通用格式

B	X	B	Y	B	J	G	Z

表 5-4 中，B 为分隔符，作用是将 X、Y、J 的数值分隔开；X、Y 为点坐标的绝对值；J 为计数长度；G 为计数方向；Z 为加工指令。X、Y、J 均为数值，单位为 μm。

（2）坐标系的建立及 X、Y 的确定　选取直线一端作为起点，以直线的起点为原点，建立直角坐标系，X、Y 表示直线终点的坐标绝对值，单位为 μm，如图 5-22 所示，图中

终点 B 的坐标值为 x_b 和 y_b，则 $X=|x_b|$，$Y=|y_b|$。如果是连续直线，那么上一条直线的终点将作为下一条直线的起点，从而建立坐标原点。

（3）计数方向 G 的确定（有 G_X 和 G_Y 两种） 以直线的起点为原点，建立直角坐标系，取该直线终点坐标绝对值大的坐标轴作为计数方向。如图 5-23 所示，图 5-23a 中，$|x_b|>|y_b|$，G 取 G_X；图 5-23b 中，$|y_b|>|x_b|$，G 取 G_Y；图 5-23c 中，$|y_b|=|x_b|$，G 取 G_Y、G_X 均可。

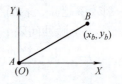

图 5-22　坐标系的建立

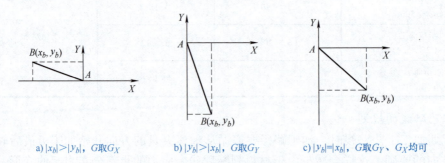

a) $|x_b|>|y_b|$，G 取 G_X　　　b) $|y_b|>|x_b|$，G 取 G_Y　　　c) $|y_b|=|x_b|$，G 取 G_Y、G_X 均可

图 5-23　计数方向的三种情况

（4）计数长度的确定　J 为计数长度，以 μm 为单位。J 的取值有以下两种情况，如图 5-24 所示，当计数方向 G 取 G_X 时，J 就是直线向 X 轴投影得到的长度的绝对值；当计数方向 G 取 G_Y 时，J 就是直线向 Y 轴投影得到的长度的绝对值。

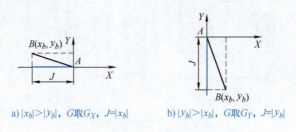

a) $|x_b|>|y_b|$，G 取 G_X，$J=|x_b|$　　　b) $|y_b|>|x_b|$，G 取 G_Y，$J=|y_b|$

图 5-24　J 的取值情况

（5）加工指令 Z 的确定　如图 5-25a 所示，加工指令 Z 按照直线终点的象限不同可分为 L_1、L_2、L_3、L_4；如图 5-25b 所示，与 $+X$ 轴重合的直线算作 L_1，与 $-X$ 轴重合的直线算作 L_3，与 $+Y$ 轴重合的直线算作 L_2，与 $-Y$ 轴重合的直线算作 L_4。

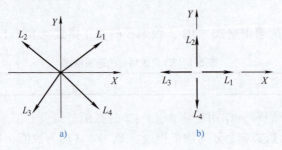

a)　　　　　　　　　　b)

图 5-25　加工指令 Z 的选取情况

2. 3B 圆弧编程

（1）3B 圆弧编程的通用格式　3B 圆弧编程的通用格式和 3B 直线编程的通用格式是相同的，见表 5-4，其中各字母的含义也是一样的。

（2）坐标系的建立及 X、Y 的确定　如图 5-26 所示，以圆弧的圆心为原点，建立正常的直角坐标系，X、Y 为圆弧起点坐标的绝对值，单位为 μm，起始点 A 的坐标值为 x_a 和 y_a，则 $X=|x_a|$、$Y=|y_a|$。

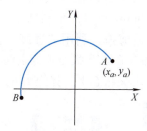

图 5-26　圆弧编程坐标系的建立

（3）计数方向的确定　以某圆心为原点建立直角坐标系，取终点坐标绝对值小的轴为计数方向。如图 5-27 所示，圆弧终点坐标为 (x_b, y_b)，令 $X=|x_b|$，$Y=|y_b|$。

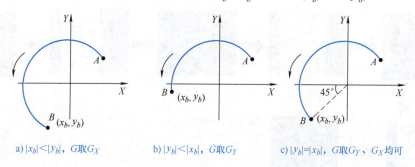

a) $|x_b|<|y_b|$，G 取 G_X　　b) $|y_b|<|x_b|$，G 取 G_Y　　c) $|y_b|=|x_b|$，G 取 G_Y、G_X 均可

图 5-27　圆弧编程计数方向的三种情况

（4）计数长度 J 的取值　若 G 取 G_X，则将圆弧向 X 轴投影；若 G 取 G_Y，则将圆弧向 Y 轴投影。计数长度 J 为各个象限圆弧投影长度绝对值的和。如图 5-28 所示，圆弧终点坐标的绝对值 $|y_b|<|x_b|$，G 取 G_Y，因此将圆弧向 Y 轴投影，$J=|J_1|+|J_2|+|J_3|$。

（5）加工指令 Z 的确定　如图 5-29 所示，加工指令 Z 按照圆弧首先进入的象限可分为 R_1、R_2、R_3、R_4；按圆弧的走向，顺时针走向为 S，逆时针走向为 N。

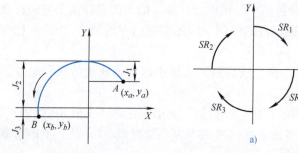

图 5-28　计数长度 J 的取值情况

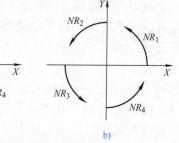

图 5-29　加工指令 Z 的选取情况

5.2.3 数控电火花线切割机床的自动编程与加工

在数控电火花线切割加工中，面对一些复杂轮廓的零件进行编程时，手工编程就变得难度很大，为了提高编程效率以及加工效率，掌握线切割自动编程的方法就十分必要。

1. 利用 CAXA 线切割软件绘制零件图

利用"矩形"命令绘制 200mm×200mm 的矩形，并将中心确定在圆心位置；利用"圆"命令在矩形右上角绘制 R10mm 的圆，绘制结束后利用"剪裁"命令将矩形的右上直角和左上直角以及多余圆弧裁剪掉；利用"过渡"命令将矩形下面两个直角过渡成 R5mm 的圆弧角；利用"直线"命令在正交状态下分别绘制长度为 10mm 的水平直线和长度为 5mm 的竖直直线，最后在非正交状态下连接矩形左上角两端直线，如图 5-30 所示。

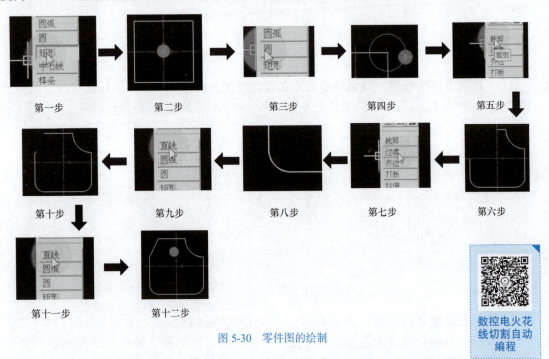

图 5-30 零件图的绘制

2. 3B 程序的编制

（1）加工轨迹路线的生成 如图 5-31 所示，在"线切割"菜单中选择"轨迹生成"命令，在弹出的"线切割轨迹生成参数表"内将第一次加工的值设为 0.1，单击"确定"按钮；拾取零件轮廓线，出现上下绿色箭头，根据设计加工的方向选择箭头方向；选择后出现左右的绿色箭头，由于电极丝在零件的外侧，因此选择向左的箭头；通过以上操作，可以看到绿色的加工轨迹已经生成。

（2）轨迹仿真 如图 5-32 所示，在"线切割"菜单中选择"轨迹仿真"命令，拾取绿色的加工轨迹线进行零件的仿真加工。

（3）3B 代码生成 如图 5-33 所示，在"线切割"菜单中选择"生成 3B 代码"命令，设置文件的存储位置以及文件名，将指令校验格式改为"紧凑指令格式"，单击拾取绿色的加工轨迹线，右击确认生成 3B 代码。

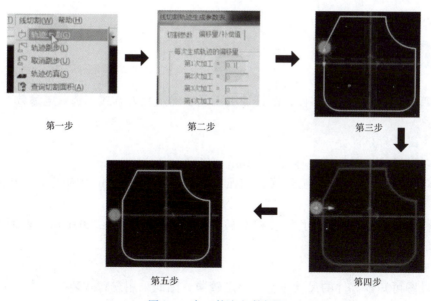

图 5-31　加工轨迹生成流程

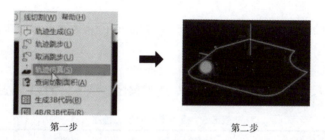

图 5-32　轨迹仿真流程

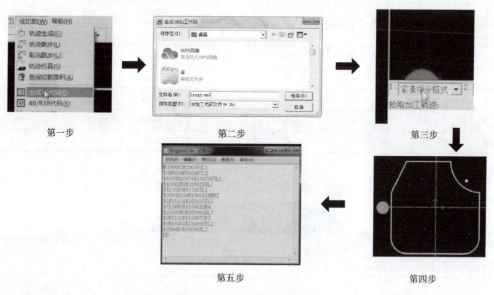

图 5-33　3B 代码生成流程

任务实施

加工如图 5-1 所示板类零件,制订加工工艺、确定装夹方式、选取电参数、编写零件的 3B 程序。

1. 零件图工艺分析

1)零件材料为 SUS304,厚度为 2mm。

2)零件轮廓由直线和圆弧组成,圆弧主要包含两个 R5mm 的圆弧和一个 R10mm 的圆弧。

3)零件长度和宽度尺寸要求相对较高,尺寸偏差为 ±0.02mm,表面粗糙度为 Ra3.2μm。

2. 装夹方式确定

由零件图可知本零件的尺寸较小,厚度较薄,因此采用悬臂式装夹方式,用压板进行固定和装夹。

3. 电参数选取

根据表 5-3 中的电参数选取规则结合本零件的加工精度要求选择快速切割加工类型中的电参数进行设置。

4. 程序的编写

根据该零件的尺寸要求和编程方法编写加工程序,该零件的加工程序见表 5-5。

表 5-5 板类零件的加工程序

B	0	B	15000	B	15000	GY	L2
B	5000	B	10000	B	10000	GY	L1
B	15000	B	0	B	15000	GX	L1
B	10000	B	0	B	10000	GX	NR3
B	0	B	15000	B	15000	GY	L4
B	5000	B	0	B	5000	GX	SR4
B	20000	B	0	B	20000	GX	L3
B	0	B	5000	B	5000	GY	NR3
B	5000	B	0	B	5000	GX	L3

谆谆寄语

天下之事,困于想,破于行!

思考与练习

一、选择题

1. 下列说法不正确的是（　　）。
   A. 电火花线切割加工属于特种加工方法
   B. 电火花线切割加工属于放电加工
   C. 电火花线切割加工必须要使用电极丝
   D. 电火花线切割加工属于成形电极加工

2. 对于铣削和电火花线切割都能加工的材料，下列说法中正确的是（　　）。
   A. 铣削平面一定比线切割加工平面粗糙
   B. 加工面积相同的平面，线切割加工比铣削慢
   C. 线切割加工平面一定比铣削平面粗糙
   D. 加工面积相同的平面，线切割加工比铣削快

3. 在利用 3B 代码编程加工斜线时，如果斜线的加工指令为 L3，则该斜线与 X 轴正方向的夹角 α 为（　　）。
   A. $180°<\alpha<270°$　　B. $180°<\alpha\leqslant270°$　　C. $180°\leqslant\alpha<270°$　　D. $180°\leqslant\alpha\leqslant270°$

4. 电火花线切割加工的对象不包含（　　）。
   A. 任何硬度、高熔点、经热处理的钢和合金　　B. 成形刀、样板
   C. 阶梯孔、阶梯轴　　D. 塑料模中的型腔

5. 线切割加工中，当使用 3B 代码进行数控程序编制时，下列关于计数方向的说法正确的有（　　）。
   A. 斜线终点坐标 (x_e, y_e)，当 $|y_e|>|x_e|$ 时，计数方向取 G_Y
   B. 斜线终点坐标 (x_e, y_e)，当 $|x_e|>|y_e|$ 时，计数方向取 G_Y
   C. 圆弧终点坐标 (x_e, y_e)，当 $|x_e|>|y_e|$ 时，计数方向取 G_X
   D. 圆弧终点坐标 (x_e, y_e)，当 $|x_e|<|y_e|$ 时，计数方向取 G_Y

6. 线切割加工编程时，计数长度的单位为（　　）。
   A. μm　　B. mm　　C. cm　　D. m

7. 利用 3B 代码编程加工半圆 AB，切割方向从 A 到 B，起点坐标 $A(-5, 0)$，终点坐标 $B(5, 0)$，其加工程序为（　　）。
   A. B5000 B B01000 GY SR2　　B. B5 B B1000 GY SR2
   C. B5000 B B1000 GY SR2　　D. B B5000 B10000 GY SR2

8. 利用 3B 代码编程加工斜线 OA，设起点 O 在切割坐标原点，终点 A 的坐标为 $(17, 5)$，其加工程序为（　　）。
   A. B17000 B5000 B17000 GX L1　　B. B17000 B5000 B17000 GY L1
   C. B17000 B5000 B17000 GY L1　　D. B17000 B5000 B5000 GY L1

9. 快走丝线切割加工中可以使用的电极丝不包含（　　）。
   A. 黄铜丝　　B. 钨钼丝　　C. 钨丝　　D. 钼丝

10. 下列说法不正确的是（　　　）。
A. 电火花线切割加工属于特种加工方法
B. 电火花线切割加工属于放电加工
C. 电火花线切割加工属于电弧放电加工
D. 电火花线切割加工属于铣削加工

二、判断题
1. 利用电火花线切割机床可以加工不通孔。（　　　）
2. 利用电火花线切割机床可以加工任何形状的通孔。（　　　）
3. 利用电火花线切割机床可以加工任何导电的材料。（　　　）
4. 利用电火花线切割机床不光可以加工导电材料，还可以加工不导电材料。（　　　）
5. 因为快走线切割加工中电极丝的损耗大，加工零件精度低，所以快走丝一般用于零件的粗加工。（　　　）
6. 在利用 3B 代码编程加工圆弧时，程序格式中的 X、Y 是指圆弧的终点坐标值，其单位为 μm。（　　　）
7. 在利用 3B 代码编程加工圆弧时，程序格式中的 X、Y 是指圆弧的起点坐标值，其单位为 μm。（　　　）
8. 电火花线切割不能加工半导体材料。（　　　）
9. 在使用 3B 代码编程中，B 称为分隔符，它的作用是将 X、Y、J 的数值分隔开，如果 B 后的数字为 0，则 0 可以省略不写。（　　　）
10. 利用 3B 代码编程加工直线时，为了看上去简单、方便，可以用公约数把 X、Y 的数值同时缩小相同的倍数。（　　　）

三、简答题
1. 电火花线切割加工的原理是什么？
2. 电火花线切割加工中零件的装夹方式有哪几种？各自分别都有什么特点？
3. 高速走丝线切割与低速走丝线切割哪个加工精度高？为什么？
4. 利用 CTW-320TB 线切割机床进行加工的具体操作步骤是什么？
5. CTW-320TB 线切割软件机床的正确开机和关机的步骤是什么？
6. 利用 CAXA 线切割软件进行自动编程有哪些步骤？
7. CTW-320TB 线切割机床由哪几部分构成？各部分的作用分别是什么？
8. 电火花线切割加工中电极丝的选取都有哪些要求和特点？

项目 6

"绿色长留"模型数控加工

- **知识目标**
1. 掌握数控车削、数控铣削、线切割加工的工艺分析方法。
2. 掌握数控车削、数控铣削、线切割加工的程序编制方法。
- **能力目标**
1. 能设计各零件的加工工艺。
2. 能根据工艺正确选择刀具、量具、夹具。
3. 能熟练使用自动编程软件进行自动编程。
4. 能熟练掌握手工编程方法。
- **素质目标**
1. 培养大国工匠精神。
2. 培养勇于担当的爱国情怀。

项目引入

保护地球，使绿色常在，是我们的责任，并且应时刻谨记爱护环境。本任务完成一个"绿色长留"摆台的加工，其模型如图 6-1 所示。该摆台由底座、支承杆和绿叶三个部件构成。底座与支承杆通过螺纹连接，绿叶以过盈配合置于支承杆开口槽内。该摆台的毛坯材料均为 45 钢。

图 6-1 "绿色长留"模型

任务 6.1 底座的数控编程与加工

- **知识目标**
1. 掌握零件的数控铣削工艺方法。
2. 掌握铣削零件的自动编程方法。
- **能力目标**
1. 能设计数控铣削零件的加工方案。
2. 能熟练使用 NX 软件进行自动编程。

任务引入

加工如图 6-2 所示的底座零件。该零件是铣削件,在加工中心上进行加工,程序的编制可以采用多种方式,如采用手工编程的宏程序编制,或者是自动编程。

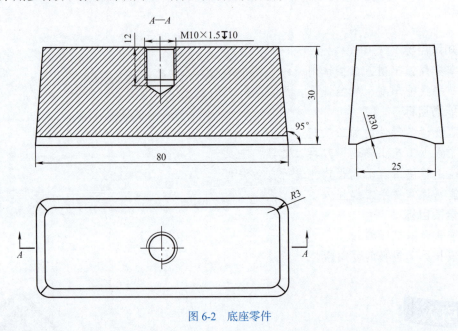

图 6-2 底座零件

任务实施

加工如图 6-2 所示的底座零件,毛坯尺寸为 90mm×40mm×40mm。要求合理设计数控铣削加工工艺方案,编制数控加工程序,进行仿真加工,优化走刀路线和程序,最终在实际机床上完成工件的加工。

1. 零件工艺性分析

该零件属于平面轮廓类零件,零件图尺寸标注完整,轮廓描述清楚。加工内容主要包括上表面、外轮廓、螺纹孔、底面、圆弧面,可以在数控铣床(或加工中心)上进行加工。

2. 制订工艺方案

(1)机床选择 根据零件图要求,可选用 FANUC 0i 数控加工中心。

(2)夹具选择 采用机用虎钳进行定位和夹紧。

(3)刀具选择

1)1 号刀具:φ16mm 平底铣刀,用于上、下表面的粗、精加工以及外轮廓的粗加工。

2)2 号刀具:φ6mm 球头铣刀,用于外轮廓的精加工以及下表面圆弧面的粗加工。

3）3号刀具：φ2mm 球头铣刀，用于下表面圆弧面的精加工。

4）4号刀具：φ9.8mm 钻头，用于钻孔。

5）5号刀具：M10mm 丝锥，用于攻螺纹。

（4）量具选择

1）量程为 100mm、分度值为 0.02mm 的游标卡尺。

2）M10×1.5 的塞规。

（5）确定加工方案、加工顺序及走刀路线

1）以底面为基准，根据先粗后精的原则，先粗、精铣上表面，再粗、精铣外轮廓，最后钻孔、攻螺纹。确定走刀路线时，为了使外轮廓具有较好的表面质量，外轮廓的精加工采用顺铣方式，刀具沿切线方向切入与切出，提高加工精度。

2）以上表面为基准，重新装夹，粗、精铣下表面以及圆弧面。

（6）制订数控加工工艺 底座零件加工工序卡见表 6-1。

表 6-1 底座零件加工工序卡

工序号		程序编号		夹具名称		使用设备		车间
10		01		机用虎钳		加工中心		01
工步号	工步内容		刀具号	刀具规格	主轴转速/(r/min)	进给速度/(mm/min)	背吃刀量/mm	备注
1	粗铣外轮廓留单侧余量0.5mm		T01	φ16mm 平底铣刀	1500	180	2	
2	精铣上表面		T01	φ16mm 平底铣刀	2000	150	0.5	
3	精铣外轮廓		T02	φ6mm 球头铣刀	2000	150	0.5	
4	钻孔		T04	φ9.8mm 钻头	900	90		
5	攻螺纹		T05	M10mm 丝锥	200	70		
6	调头装夹，粗铣下表面，留余量0.5mm		T01	φ16mm 平底铣刀	1500	200	2	
7	精铣下表面		T01	φ16mm 平底铣刀	2000	150	0.5	
8	粗铣圆弧面，留余量0.5mm		T02	φ6mm 球头铣刀	1500	180		
9	精铣圆弧面		T03	φ2mm 球头铣刀	2000	150	0.5	

3. 程序编制与加工

（1）三维建模 根据零件图在 NX10 中对底座进行三维建模，如图 6-3 所示。

（2）自动编程

1）设置型腔铣加工环境。单击菜单栏中的"应用模块"按钮，选择"加工"命令，弹出"加工环境"对话框，选择"CAM 会话配置"为"cam_general"，再选择"要创建的 CAM 设置"下的"mill_contour"选项，单击"确定"按钮，进入型腔铣加工环境。

图 6-3 底座三维模型

2）设置坐标系几何体。单击左侧的工序导航器按钮，显示工序导航器，单击工具条上的"几何视图"按钮，切换到"工序导航器 – 视图"界面。双击坐标系几何体"MCS_

MILL"进行编辑,在"MCS"对话框的"安全设置"下,指定安全设置选项为"自动平面",安全距离值为"10",单击"确定"按钮,完成对"MCS_MILL"的设置。

3)设置工件几何体。双击工序导航器中的工件几何体"WORKPIECE"节点,系统打开"工件"对话框,单击"指定部件"按钮，弹出"部件几何体"对话框,选择对象为该零件实体,如图6-4所示,单击"确定"按钮返回"工件"对话框。

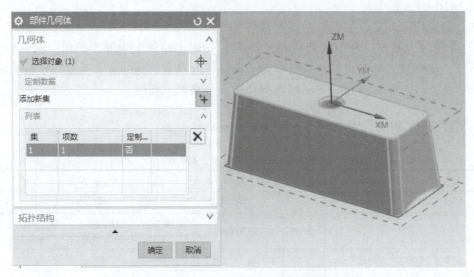

图6-4 设置部件几何体

单击"指定毛坯"按钮，系统弹出"毛坯几何体"对话框,指定类型为"包容块",设置毛坯几何体如图6-5所示。单击"确定"按钮返回"工件"对话框,再单击"确定"按钮,完成工件几何体的设置。

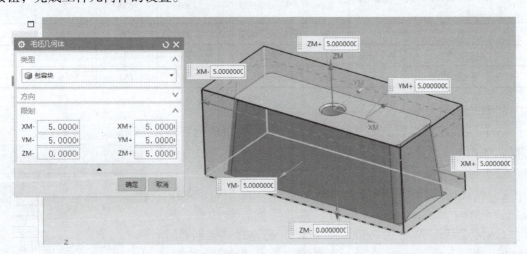

图6-5 设置毛坯几何体

4)创建刀具。单击工具条上的"创建刀具"按钮，系统弹出"创建刀具"对话框,选择刀具子类型为"MILL",名称为"T1-D16",单击"确定"按钮,打开"铣刀-5参数"对话框，设置刀具直径为"16"，下半径为"0"，刀具号为"1"，单击"确定"按钮，完成1号铣刀创建。以此类推，创建其他4把刀具，其参数如下：

① T2-B6，BALL，刀具直径为"6"，刀具号为"2"。
② T3-B2，BALL，刀具直径为"2"，刀具号为"3"。
③ T4-DRILL9.8，DRILL，刀具直径为"9.8"，刀具号为"4"。
④ T5-TAP10，TAP，刀具直径为"10"，刀具号为"5"。

5）创建外轮廓粗加工工序。单击工具条上的"创建工序"按钮，在弹出的"创建工序"对话框中选择工序类型为"mill_contour"（轮廓铣），工序子类型为（型腔铣），选择刀具为"T1-D16"，几何体为"WORKPIECE"，方法为"METHOD"，名称为"CAVITY_MILL"，如图6-6所示，单击"确定"按钮，打开"型腔铣"对话框。

几何体设置：单击"型腔铣"对话框中"指定切削区域"按钮，选择切削区域为上表面和外轮廓表面，如图6-7所示。

图6-6 创建工序

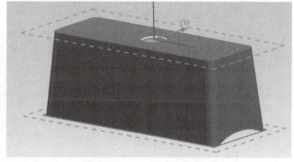
图6-7 指定切削区域

刀轨设置：在"型腔铣"对话框中进行刀轨设置，选择切削模式为"跟随部件"，每刀的公共深度为"恒定"，最大距离为"2"，其他参数采用默认值。

切削参数设置：单击"型腔铣"对话框中"切削参数"按钮，在"余量"选项卡中选中"使底面余量与侧面余量一致"复选按钮，设置"部件侧面余量"为"0.5"。

进给率和速度设置：单击"型腔铣"对话框中的"进给率和速度"按钮，系统弹出"进给率和速度"对话框，设置主轴速度为"1500"，切削进给率为"180"，单击"确定"按钮返回"型腔铣"对话框。在"型腔铣"对话框中单击"生成"按钮，计算生成刀具轨迹，生成的刀具轨迹如图6-8所示。

6)创建上表面精加工工序。单击工具条上的"创建工序"按钮,在弹出的"创建工序"对话框中选择工序类型为"mill_planar",工序子类型为(底壁加工),选择刀具为"T1-D16",几何体为"WORKPIECE",方法为"METHOD",名称为"FLOOR_WALL",如图6-9所示,单击"确定"按钮,打开"底壁加工"对话框。

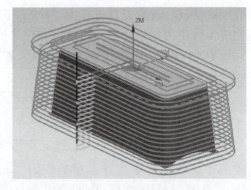

图 6-8　生成的刀具轨迹

几何体设置:单击"底壁加工"对话框中"指定切削区域底面"按钮,选择切削区域为上表面。

刀轨设置:在"底壁加工"对话框中进行刀轨设置,选择切削模式为"单向",底壁毛坯厚度为"0.5",每刀切削深度为"0.5",其他参数采用默认值。

进给率和速度设置:单击"底壁加工"对话框中的"进给率和速度"按钮,系统弹出"进给率和速度"对话框,设置主轴速度为"2000",切削进给率为"150",单击"确定"按钮返回"底壁加工"对话框。在"底壁加工"对话框中单击"生成"按钮,计算生成刀具轨迹,生成的刀具轨迹如图6-10所示。

图 6-9　创建工序

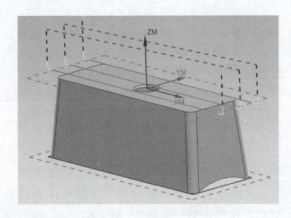

图 6-10　生成的刀具轨迹

7)创建外轮廓精加工工序。单击工具条上的"创建工序"按钮,在弹出的"创建工序"对话框中选择工序类型为"mill_contour"(轮廓铣),工序子类型为(深度轮廓加工),选择刀具为"T2-B6",几何体为"WORKPIECE",方法为"METHOD",名称为"ZLEVEL_PROFILE",单击"确定"按钮,打开"深度轮廓加工"对话框。

几何体设置:单击"深度轮廓加工"对话框中"指定切削区域"按钮,选择切削区域为侧面的8个表面,如图6-11所示。

项目 6 "绿色长留"模型数控加工

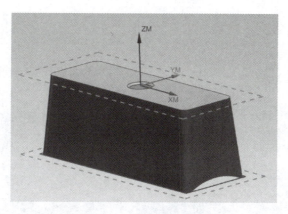

图 6-11　指定切削区域

刀轨设置：在"深度轮廓加工"对话框中进行刀轨设置，单击"切削层"按钮，弹出"切削层"对话框，设置范围深度为"32"，每刀切削深度为"0.5"，如图 6-12 所示，其他参数采用默认值，单击"确定"返回"深度轮廓加工"对话框。

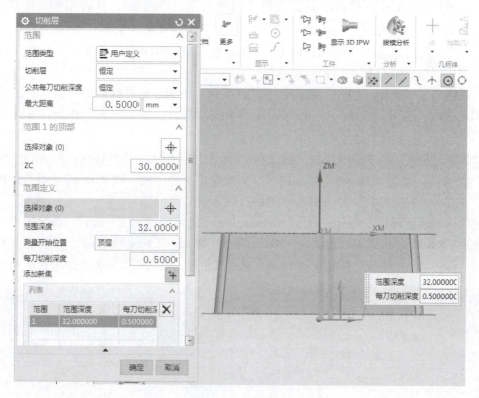

图 6-12　切削层设置

进给率和速度设置：单击"深度轮廓加工"对话框中的"进给率和速度"按钮，系统弹出"进给率和速度"对话框，设置主轴速度为"2000"，切削进给率为"150"，单击"确定"按钮返回"深度轮廓加工"对话框。在"深度轮廓加工"对话框中单击"生成"按钮，计算生成刀具轨迹，生成的刀具轨迹如图 6-13 所示。

173

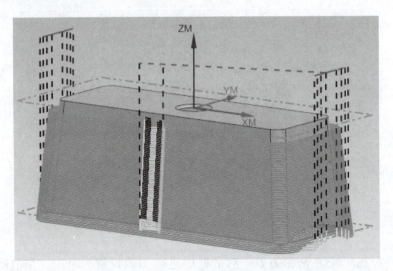

图 6-13 生成的刀具轨迹

8）创建钻孔工序。单击工具条上的"创建工序"按钮，在弹出的"创建工序"对话框中选择工序类型为"drill"（钻削），工序子类型为（钻孔），选择刀具为"T4-DRILL9.8"，几何体为"WORKPIECE"，方法为"METHOD"，名称为"DRILLING"，单击"确定"按钮，打开"钻孔"对话框。

几何体设置：单击"钻孔"对话框中"指定孔"按钮，选择孔的中心点；单击对话框中"指定顶面"按钮，选择工件的上表面；单击对话框中"指定底面"按钮，选择工件的下表面。

循环类型设置：循环类型选择"标准钻"，单击其后的"编辑"按钮，弹出"Cycle 参数"对话框，设置"Depth（Shouldr）"（刀肩深度）为"12"，"Rtrcto"（退刀距离）为"3"，"进给率（MMPM）"为"90"，如图 6-14 所示。

进给率和速度设置：单击"钻孔"对话框中的"进给率和速度"按钮，系统弹出"进给率和速度"对话框，设置主轴速度为"900"，单击"确定"按钮返回"钻孔"对话框。在"钻孔"对话框中单击"生成"按钮，计算生成刀具轨迹，生成的刀具轨迹如图 6-15 所示。

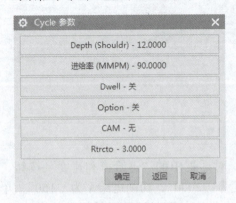

图 6-14 循环参数设置

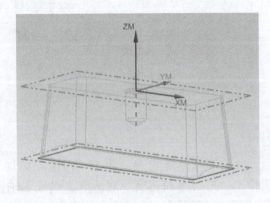

图 6-15 生成的刀具轨迹

9）创建攻螺纹工序。单击工具条上的"创建工序"按钮，在弹出的"创建工序"对话框中选择工序子类型为（攻螺纹），选择刀具为"T5-TAP10"，几何体为"WORKPIECE"，方法为"METHOD"，名称为"TAPPING"，单击"确定"按钮，打开"攻螺纹"对话框。

几何体设置：单击"攻螺纹"对话框中"指定孔"按钮，选择孔的中心点；单击对话框中"指定顶面"按钮，选择工件的上表面；单击对话框中"指定底面"按钮，选择工件的下表面。

循环类型设置：循环类型选择"标准攻螺纹"，单击其后的"编辑"按钮，弹出"Cycle参数"对话框，设置"Depth"（刀尖深度）为"10"，"Rtrcto"（退刀距离）为"3"，进给率（MMPM）为"70"。

进给率和速度设置：单击"攻螺纹"对话框中的"进给率和速度"按钮，系统弹出"进给率和速度"对话框，设置主轴速度为"200"，单击"确定"按钮返回"攻螺纹"对话框。在"攻螺纹"对话框中单击"生成"按钮，计算生成刀具轨迹，生成的刀具轨迹如图 6-16 所示。

10）创建下表面的坐标系几何体。单击工具条上的"创建几何体"按钮，在弹出的"创建几何体"对话框中选择几何体类型为"mill_planar"，工序子类型为"MCS"，几何体位置为"GEOMETRY"，单击"确定"按钮。双击"MCS"，弹出"MCS"对话框，单击"指定MCS"后的"CSYS"按钮，弹出"CSYS"对话框，将"ZM"旋转180°，如图 6-17 所示，单击"确定"按钮，返回"MCS"对话框，设置"安全设置"为"刨"，单击"指定平面"后的"平面对话框"按钮，弹出"刨"对话框，选择"平面对象"为工件的下表面，并设置偏置为"10"，单击"确定"按钮，完成"MCS"设置。

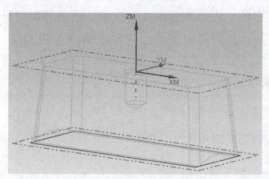

图 6-16　生成的刀具轨迹

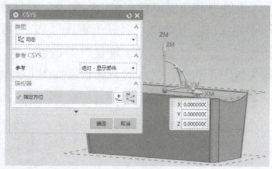

图 6-17　设置坐标系几何体

11）创建下表面的工件几何体。再次单击工具条上的"创建几何体"按钮，在弹出的"创建几何体"对话框中选择几何体子类型为"WORKPIECE_1"，几何体位置为"MCS"，单击"确定"按钮。双击"WORKPIECE_1"，系统打开"工件"对话框，单击"指定部件"按钮，弹出"部件几何体"对话框，选择对象为该零件实体，如图 6-4 所示，单击"确定"按钮返回"工件"对话框。

单击"指定毛坯"按钮，系统弹出"毛坯几何体"对话框，指定类型为"包容块"，设置毛坯限制，如图 6-5 所示。单击"确定"按钮返回"工件"对话框，再单击"确定"按钮，完成工件几何体的设置。

12）创建下表面粗加工工序。单击工具条上的"创建工序"按钮，在弹出的"创建工序"对话框中选择工序子类型为（面铣），选择刀具为"T1-D16"，几何体为"WORKPIECE_1"，方法为"METHOD"，名称为"FACE_MILLING"，如图 6-18 所示，单击"确定"按钮，打开"面铣"对话框。

几何体设置：单击"面铣"对话框中"面边界"按钮，选择毛坯的边界矩形，如图 6-19 所示。

图 6-18 创建工序

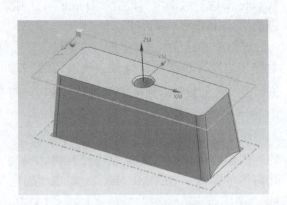

图 6-19 设置毛坯边界

刀轨设置：在"面铣"对话框中进行刀轨设置，选择切削模式为"往复"，毛坯距离为"5"，每刀切削深度为"2"，最终底面余量为"0.5"，其他参数采用默认值。

进给率和速度设置：单击"面铣"对话框中的"进给率和速度"按钮，系统弹出"进给率和速度"对话框，设置主轴速度为"1500"，切削进给率为"200"，如图 6-20 所示，单击"确定"按钮返回"面铣"对话框。在"面铣"对话框中单击"生成"按钮，计算生成刀具轨迹，生成的刀具轨迹如图 6-21 所示。

图 6-20 设置进给率和速度

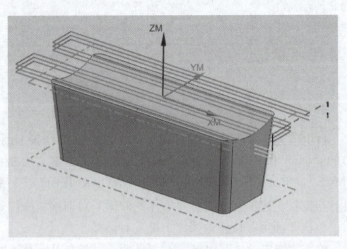

图 6-21 生成的刀具轨迹

13）创建下表面精加工工序。选择"工序导航器–几何"下的"FACE_MILLING",右击,在弹出的快捷菜单中选择"复制"命令,复制该工序。移动光标到"WORKPIECE_1"上,右击,在弹出的快捷菜单中选择"内部粘贴"命令,在"WORKPIECE_1"下将出现"FACE_MILLING_COPY"。双击"FACE_MILLING_COPY",打开"面铣"对话框,在刀轨设置中,选择切削模式为"单向",毛坯距离为"0.5",每刀切削深度为"0.5",最终底面余量为"0";单击"面铣"对话框中的"进给率和速度"按钮,系统弹出"进给率和速度"对话框,设置主轴速度为"2000",切削进给率为"150",单击"确定"按钮返回"面铣"对话框。在"面铣"对话框中单击"生成"按钮,计算生成刀具轨迹,生成的刀具轨迹如图6-22所示。

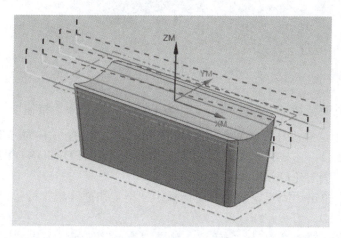

图6-22　生成的刀具轨迹

14）创建圆弧面粗加工工序。单击工具条上的"创建工序"按钮，在弹出的"创建工序"对话框中选择工序类型为"mill_contour",工序子类型为（固定轮廓铣）,选择刀具为"T2-B6",几何体为"WORKPIECE_1",方法为"METHOD",名称为"FIXED_CONTOUR",单击"确定"按钮,打开"固定轮廓铣"对话框。

几何体设置：单击"固定轮廓铣"对话框中"指定切削区域"按钮,选择下表面上的圆弧面。

驱动方法设置：选择方法为"区域铣削",单击"编辑"按钮,弹出"区域铣削驱动方法"对话框,设置"非陡峭切削模式"为"往复",切削方向为"顺铣",步距为"恒定",最大距离为"2mm",其他参数采用默认值。

刀轴设置："轴"设置为"+ZM轴"。

切削参数设置：单击"固定轮廓铣"对话框中"切削参数"按钮，在"余量"选项卡中设置"部件余量"为"0.5"。

进给率和速度设置：单击"固定轮廓铣"对话框中的"进给率和速度"按钮,系统弹出"进给率和速度"对话框,设置主轴速度为"1500",切削进给率为"180",单击"确定"按钮返回"固定轮廓铣"对话框。在"固定轮廓铣"对话框中单击"生成"按钮，计算生成刀具轨迹,生成的刀具轨迹如图6-23所示。

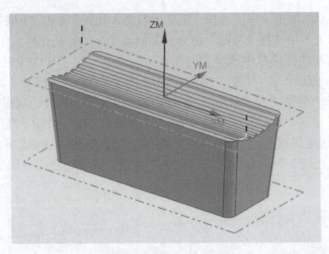

图 6-23 生成的刀具轨迹

15)创建圆弧面精加工工序。单击工具条上的"创建工序"按钮 ，在弹出的"创建工序"对话框中选择工序子类型为 （固定轮廓铣），选择刀具为"T3-B2",几何体为"WORKPIECE_1",方法为"METHOD",名称为"FIXED_CONTOUR_1",单击"确定"按钮,打开"固定轮廓铣"对话框。

几何体设置:单击"固定轮廓铣"对话框中"指定切削区域"按钮,选择下表面上的圆弧面。

驱动方法设置:选择方法为"流线",单击"编辑"按钮,弹出"流线驱动方法"对话框,选择指定切削方向为"与圆弧近似平行的箭头",如图 6-24 所示;驱动设置中的切削模式选择为"往复",步距为"恒定",最大距离为"0.2",其他参数采用默认值,单击"确定"按钮,返回"固定轮廓铣"对话框。

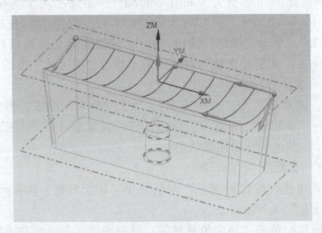

图 6-24 驱动方法设置

进给率和速度设置:单击"固定轮廓铣"对话框中的"进给率和速度"按钮,系统弹出"进给率和速度"对话框,设置主轴速度为"2000",切削进给率为"150",单击"确定"按钮返回"固定轮廓铣"对话框。在"固定轮廓铣"对话框中单击"生成"按钮 ，计算生成刀具轨迹，生成的刀具轨迹如图 6-25 所示。

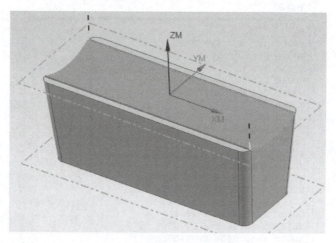

图 6-25 生成的刀具轨迹

16）实体切削仿真。选择"工序导航器 – 几何"下的所有工序，单击工具条上的"确认刀轨"按钮 ，系统打开"刀轨可视化"对话框，选择"3D 动态"，单击"播放"按钮 ，在图形上进行实体切削仿真，底座仿真加工结果如图 6-26 所示。

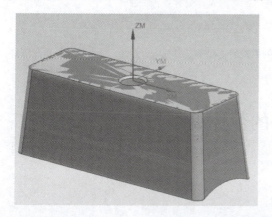 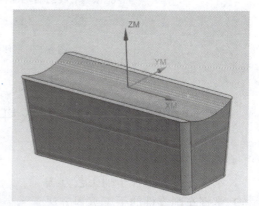

图 6-26 底座仿真加工结果

17）后置处理，生成程序。选择"MCS_MILL"节点，然后在工具条上单击"后处理"按钮 ，系统打开"后处理"对话框，选择后处理器为"MILL_3_AXIS"，设置单位为"公制 / 部件"，单击"确定"按钮开始后处理。完成后处理后将生成一个程序文件，如图 6-27 所示。在"文件"下拉菜单中选择"另存为"命令，可将程序文件保存为"底座上 .txt"格式。

同理，再选择"MCS"节点，经过后处理可生成一个新的程序文件，并将其保存为"底座下 .txt"。

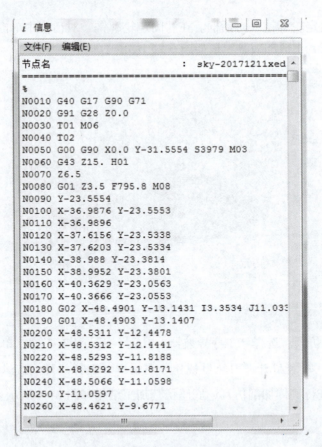

图 6-27 底座的数控加工程序

任务 6.2 支承杆的数控编程与加工

- 知识目标
1. 掌握零件的数控车削工艺方法。
2. 掌握车削零件的手工编程方法。
- 能力目标
1. 能设计数控车削零件的加工方案。
2. 能熟练手工编写车削零件的加工程序。

任务引入

加工如图 6-28 所示支承杆零件,该零件为轴类零件,其外圆结构适合在数控车床上加工。

项目6 "绿色长留"模型数控加工

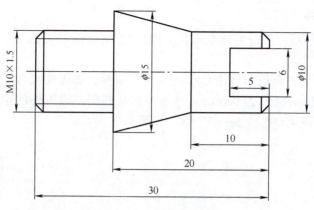

图6-28 支承杆的零件图

任务实施

加工如图6-28所示的支承杆零件,毛坯尺寸为φ20mm×40mm。要求合理设计数控车削加工工艺方案,编制数控加工程序,进行仿真加工,优化走刀路线和程序,最终在实际机床上完成工件的加工。

1. 零件工艺性分析

该零件属于轴类零件,零件图尺寸标注完整,轮廓描述清楚。加工内容包括外圆柱面、外圆锥面、外螺纹、开口槽,需要进行调头加工,除开口槽要在铣床上加工外,其余均在数控车床上加工。

2. 制订工艺方案

(1)机床选择 根据零件图要求,可选用数控车床进行加工,配置后置刀架。

(2)加工方法的选择和加工方案的拟定 该零件的主要加工表面均为回转体,表面的加工精度要求不高,故采用粗车→精车的加工方案。

(3)选择夹具和装夹方式 采用自定心卡盘夹紧毛坯的外圆表面。

(4)刀具的选择

1)1号刀具:选用机夹式可转位外圆车刀,刀片材料为硬质合金,形状为35°菱形,主偏角为93°,用于粗车、精车各外圆表面、端面。

2)2号刀具:60°硬质合金三角形螺纹车刀,用于车外螺纹。

(5)量具的选择

1)量程为150mm、分度值为0.02mm的游标卡尺。

2)M10×1.5的环规。

(6)确定加工顺序 加工顺序按照先粗后精的原则安排如下:粗车右端外圆柱面、外圆锥面→精车右端端面、外圆柱面、外圆锥面→调头,重新装夹→粗车左端外圆→精车左端端面和外圆→车外螺纹。

3. 走刀路线设计

（1）右端走刀路线　工件坐标系原点设置在工件右端面中心点处，切削起点的坐标为（X22，Z2）。

该零件右端外圆表面粗车使用G71指令进行编程，加工完成后工件表面的精加工余量X方向为0.3mm，Z方向为0.1mm。其精车是从右到左沿零件的轮廓表面进给，走刀路线为1→2→3→4→5→6→7→8，如图6-29所示。

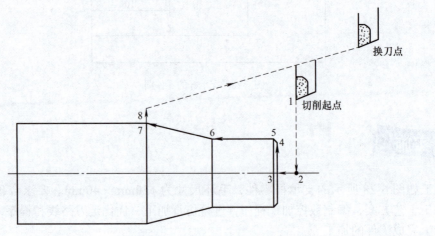

图6-29　右端精加工走刀路线

（2）左端走刀路线　该零件调头装夹，重新建立工件坐标系，其原点设置在工件右端面中心点处，切削起点的坐标为（X22，Z2）。

左端外圆表面使用G90指令进行编程，共分4次走刀，每次切削深度为3mm，走刀路线为1→2→3→4→1，1→5→6→4→1，1→7→8→4→1，1→9→10→4→1，如图6-30所示。

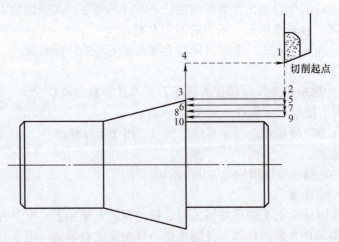

图6-30　左端外圆走刀路线

4. 制订数控加工工艺

支承杆数控加工工序卡见表6-2。

表6-2 支承杆数控加工工序卡

工序号	程序编号	夹具名称		使用设备		车间
10	01	自定心卡盘				01
工步号	工步内容	刀具号	刀具规格	主轴转速/(r/min)	进给速度/(mm/min)	背吃刀量/mm	备注
1	粗车右端外轮廓	T01		600	100	1.5	
2	精车右端外轮廓	T01		1000	60	0.3	
3	调头装夹，粗车左端外圆柱面	T01		600	100	1.5	
4	精车左端外圆柱面	T01		1000	60	0.3	
5	车螺纹	T02		500			

5. 程序编制

支承杆加工程序见表6-3和表6-4。

表6-3 支承杆右端加工程序

加工程序	说明
O0001;	右端加工程序
G98 G97 M03 S600;	初始条件
T0101;	调用1号刀具
G00 X100 Z100;	
X22 Z2;	
G71 U1.5 R0.5;	粗加工
G71 P10 Q20 U0.3 W0.1 F100;	
N10 G00 X0;	
G01 Z0;	
X9;	
X10 Z−0.5;	
Z−10;	
X15 Z−20;	
N20 X22;	
G70 P10 Q20 S1000 F60;	精加工
G00 X100 Z100;	
M05;	
M30;	

表 6-4 支撑杆左端加工程序

加工程序	说明
O0002；	左端加工程序（调头装夹）
G98 G97 M03 S600；	初始条件
T0101；	调用 1 号刀具
G00 X100 Z100；	
X22 Z2；	
G90 X17 Z-10 F100；	
X14；	
X11；	
S1000	
X9.85 F60；	
G00 X100 Z100；	
T0202 S500；	调用 2 号刀具
G00 X12 Z3；	
G92 X9.2 Z-9 F1.5；	
X8.6；	
X8.2；	
X8.05；	
G00 X100 Z100；	
M05；	
M30；	

任务 6.3 绿叶的数控编程与加工

- 知识目标
1. 掌握零件的数控电切削加工工艺方法。
2. 掌握片体类零件的自动编程方法。
- 能力目标
1. 能设计片体类零件的数控电切削加工方案。
2. 能熟练使用 CAXA 线切割软件生成加工程序。

任务引入

加工具备尖锐角度的板类零件，如图 6-31 所示的叶片零件，其加工设备适合采用数控电火花线切割机床，制订合理的加工工艺，选择合理的加工参数，可以保证加工质量，提高加工效率。

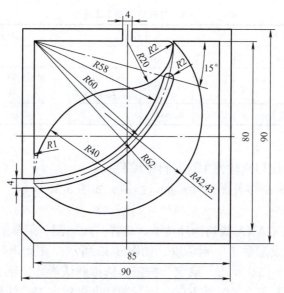

图 6-31 叶片零件图

任务实施

如图 6-31 所示叶片零件，毛坯尺寸为 90mm×90mm×6mm。要求合理设计数控电切削加工工艺方案，编制数控加工程序，进行仿真加工，优化走刀路线和程序，最终在实际机床上完成工件的加工。

1. 零件的工艺性分析

该零件属于片体类零件，零件图尺寸标注完整，轮廓描述清楚。该零件为凸模零件，加工内容主要包括叶片的整个轮廓，该零件材料为 45 钢，厚度为 4mm，因此该零件在线切割机床上可完成加工。

2. 制订工艺方案

（1）机床选择　根据零件图要求，选用北京迪蒙卡特机床有限公司 CTW-320TB 快走丝线切割机床进行零件的加工。

（2）夹具和装夹方式选择　采用悬臂式装夹方法，使用压板进行定位和夹紧。

（3）电极丝的选择　电极丝选用 $\phi0.18$mm 的钼丝。

（4）量具选择　量程为 100mm、分度值为 0.02mm 的游标卡尺。

（5）加工方法的选择和加工方案的拟定　该零件主要加工叶片的轮廓，零件尺寸较小并且为凸模，表面的加工精度要求不高，可以采用悬臂式装夹方法装夹零件，加工路线按照先远离装夹部分再回到装夹部分的原则，一次性进行切割。

3. 制订数控加工工艺

叶片数控加工工序卡见表 6-5。

表 6-5　叶片数控加工工序卡

工序号	程序编号	夹具名称		使用设备	车间	
10	01	压板			01	
工步号	工步内容	刀具号	刀具规格	脉冲宽度 $T_{on}/\mu s$	脉冲间隔 (T_{on}/T_{off})	加工速度/ (mm/min)	备注
1	叶片外轮廓		0.18mm	≤4	4	2～5	

4. 程序编制与加工

该零件在 CAXA 线切割软件中进行自动编程。

（1）图形绘制　根据零件图对叶片进行绘制，如图 6-32 所示。

（2）自动编程

1）轨迹生成。在 CAXA 线切割环境下，选择"线切割"菜单中的"轨迹生成"命令，弹出"线切割轨迹生成参数表"对话框，如图 6-33 所示，在此进行相关参数设置，因为该零件加工精度要求不高，单击"确定"按钮，选择默认参数。接下来单击拾取叶片零件的轮廓线并选取走丝方向为逆时针方向，同时选择电极丝在工件的外侧，如图 6-34 所示。

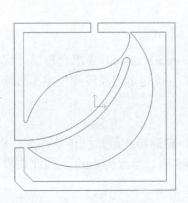

图 6-32　叶片二维图

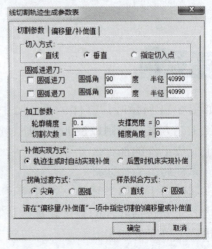

图 6-33　"线切割轨迹生成参数表"对话框

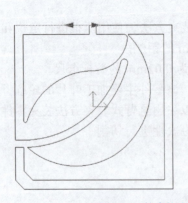

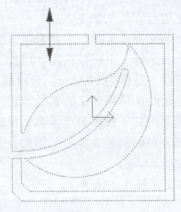

图 6-34　轮廓轨迹的拾取及相关设置

最后在叶片的顶端位置设置穿丝点和退丝点并生成轮廓加工轨迹，如图 6-35 所示。

2）轨迹仿真。在 CAXA 线切割环境下，选择"线切割"菜单中的"轨迹仿真"命令，并拾取轮廓加工轨迹线进行仿真验证，如图 6-36 所示。

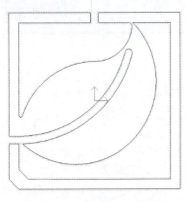

图 6-35 轮廓加工轨迹

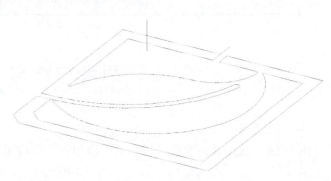

图 6-36 轨迹仿真

3）程序生成。在轨迹仿真中如果验证没有问题，下面进行程序生成操作，选择"线切割"菜单中的"生成 3B 代码"命令，并选择程序生成后的存储路径以及进行程序文件的命名。上一步设置完成后单击"确定"按钮，在窗口左下角将指令校验格式改为"紧凑指令格式"。设置完校验格式后，拾取叶片的轮廓加工轨迹线并生成程序，如图 6-37 所示。

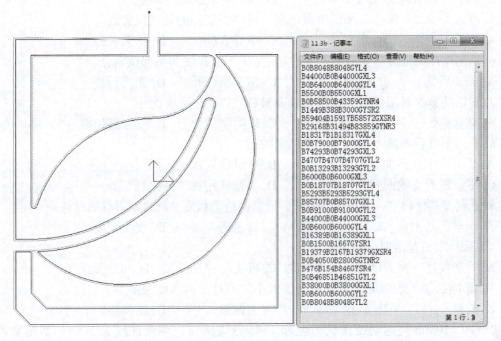

图 6-37 叶片加工程序

谆谆寄语

抓铁有痕、踏石留印。

思考与练习

一、选择题

1. 立铣刀铣孔时，为获得较小的表面粗糙度值应采用（　　）进给方式。
   A. 低　　　　　B. 高　　　　　C. 相同
2. 冷却作用最好的切削液是（　　）。
   A. 水溶液　　　B. 乳化液　　　C. 切削油　　　D. 防锈剂
3. 使刀具轨迹在工件左侧沿编程轨迹移动的 G 代码为（　　）。
   A. G40　　　　B. G41　　　　C. G42　　　　D. G43
4. 数控铣床上，在不考虑进给丝杠间隙的情况下，为提高加工质量，宜采用（　　）。
   A. 外轮廓顺铣，内轮廓逆铣　　　B. 外轮廓逆铣，内轮廓顺铣
   C. 内、外轮廓均为逆铣　　　　　D. 内、外轮廓均为顺铣
5. 镗削（　　）深孔，采用单刃镗削，可以纠正孔的轴线位置度。
   A. 大直径　　　B. 小直径　　　C. 中等直径　　D. 特大直径
6. 铣削工序的划分主要有刀具集中法、（　　）和按加工部位划分。
   A. 先面后孔　　B. 先铣后磨　　C. 粗、精分开　D. 先难后易
7. 铣削纯铜材料工件时，选用的铣刀材料应以（　　）为主。
   A. 高速钢　　　B. P 类硬质合金　C. K 类硬质合金　D. 立方氮化硼
8. 下列不符合夹紧力作用点选择原则的是（　　）。
   A. 尽量作用在不加工表面上　　　B. 尽量靠近加工表面
   C. 尽量靠近支承面的几何中心　　D. 尽量作用在工件刚性好处
9. 下列刀具材料中，综合性能最好，适宜制造形状复杂的机动刀具的材料是（　　）。
   A. 碳素工具钢　B. 合金工具钢　C. 高速钢　　　D. 硬质合金
10. 选择定位基准时，粗基准（　　）。
    A. 只能使用一次　B. 最多使用二次　C. 可使用一至三次　D. 可反复使用
11. 影响已加工表面的表面粗糙度值大小的刀具几何角度主要是（　　）。
    A. 前角　　　　B. 后角　　　　C. 主偏角　　　D. 副偏角
12. 用 $\phi 10mm$ 高速钢键槽铣刀粗加工 45 钢键槽时，切削深度为 3mm，切削宽度为 10mm，主轴转速为 600r/min，选择合适的进给速度为（　　）。
    A. 10mm/min　　B. 20mm/min　　C. 50mm/min　　D. 200mm/min

13. 用机用虎钳装夹工件时，必须使余量层（　　）钳口。
A. 略高于　　B. 稍低于　　C. 大量高出　　D. 高度相同
14. 在（　　）操作方式下方可对机床参数进行修改。
A. JOG　　B. MDI　　C. EDIT　　D. AUTO
15. 在工序图上，用来确定本工序所加工后的尺寸、形状、位置的基准称为（　　）基准。
A. 装配　　B. 测量　　C. 工序　　D. 顺序
16. 在试切和加工中，刃磨刀具和更换刀具后（　　）。
A. 一定要重新测量刀长并修改好刀补值　　B. 不需要重新测量刀长
C. 可重新设定刀号　　D. 不需要修改好刀补值
17. 轴类零件加工时最常用的定位基准是（　　）。
A. 端面　　B. 外圆面　　C. 中心孔　　D. 端面和外圆面
18. 自动运行时，不执行段前带"／"的程序段需按下（　　）功能按键。
A. 空运行　　B. 单段　　C. M01　　D. 跳步
19. 数控车床安装刀具时，刀具的切削刃必须（　　）主轴旋转中心。
A. 高于　　B. 低于　　C. 等高于　　D. 不相等
20. 车削外圆时发现由于刀具磨损，直径超差 -0.02 mm，刀具半径补偿磨耗中应输入的补偿值为（　　）mm。
A. 0.02　　B. 0.01　　C. -0.02　　D. -0.01

二、判断题
1. 车刀的刀位点是指主切削刃上的选定点。　　　　　　　　　　　　　　　（　　）
2. 当换刀时，必须利用 G40 指令来取消前一把刀具的长度补偿，否则会影响后一把刀具的长度补偿。　　　　　　　　　　　　　　　　　　　　　　　　　　　　（　　）
3. 刀具长度补偿量必须大于零。　　　　　　　　　　　　　　　　　　　　（　　）
4. 高速钢刀具切削时一般要加切削液，而硬质合金刀具不加切削液，这是因为高速钢的耐热性比硬质合金好。　　　　　　　　　　　　　　　　　　　　　　　　（　　）
5. 工序集中则使用的设备数量少，生产准备工作量小。　　　　　　　　　　（　　）
6. 工艺系统的刚度不影响切削力变形误差的大小。　　　　　　　　　　　　（　　）
7. 恒线速控制的原理是当工件的直径越大时，进给速度越慢。　　　　　　　（　　）
8. 加工中心是功能较齐全的数控机床，把铣削、镗削、钻削和切削螺纹等功能集中在一台设备上。　　　　　　　　　　　　　　　　　　　　　　　　　　　　（　　）
9. 夹紧力的方向一致时，夹紧力最小。　　　　　　　　　　　　　　　　　（　　）
10. 夹具上的定位元件是用来确定工件在夹具中正确位置的元件。　　　　　（　　）
11. 精加工时应选择润滑性能较好的切削液。　　　　　　　　　　　　　　（　　）
12. 绝对编程和增量编程不能在同一程序中混合使用。　　　　　　　　　　（　　）
13. 零件的表面粗糙度值越小，越易加工。　　　　　　　　　　　　　　　（　　）
14. 切削用量三要素是指切削速度、切削深度和进给量。　　　　　　　　　（　　）
15. 球头铣刀的球半径通常等于加工曲面的曲率半径。　　　　　　　　　　（　　）

参 考 文 献

[1] 周兰. 数控车削编程与加工 [M]. 北京：机械工业出版社，2010.
[2] 张宁菊. 数控车削编程与加工 [M]. 2版. 北京：机械工业出版社，2015.
[3] 吕宜忠. 数控编程与加工技术 [M]. 北京：机械工业出版社，2019.
[4] 周晓宏. 数控铣削工艺与技能训练（含加工中心）[M]. 2版. 北京：机械工业出版社，2015.
[5] 李河水，梁斯仁. 数控加工编程与操作 [M]. 2版. 北京：机械工业出版社，2018.
[6] 汪荣青. 数控加工技能实训 [M]. 北京：机械工业出版社，2019.
[7] 杜国臣. 数控机床编程 [M]. 3版. 北京：机械工业出版社，2018.
[8] 潘冬. 数控编程技术 [M]. 北京：北京理工大学出版社，2021.

职业教育智能制造领域高素质技术技能人才培养系列教材

数控编程与加工项目式教程
——技能训练活页式工作手册

主　编　曾　霞
副主编　赵小刚　吴晓燕
参　编　李　娜　雒钰花　李荣丽　李　渊
　　　　周宏菊　姚　艳　付斌利　王坤峰

机械工业出版社

目录

项目1　数控加工工艺基础技能训练 ································· 1

　　活动1　压板零件加工工艺设计 ································· 1

　　活动2　螺杆轴零件加工工艺设计 ······························· 4

项目2　数控车床编程与加工技能训练 ····························· 7

　　活动1　精加工轴零件 ··· 7

　　活动2　粗精加工轮廓零件1 ···································· 9

　　活动3　粗精加工轮廓零件2 ··································· 12

　　活动4　加工典型综合轴零件1 ································· 14

　　活动5　加工典型综合轴零件2 ································· 16

项目3　加工中心编程与加工技能训练 ···························· 19

　　活动1　加工凸台零件 ·· 19

　　活动2　加工内外轮廓零件1 ··································· 22

　　活动3　加工内外轮廓零件2 ··································· 25

　　活动4　加工孔系零件1 ······································· 28

　　活动5　加工孔系零件2 ······································· 31

项目4　宏程序应用技能训练 ····································· 34

　　活动1　加工椭圆轮廓轴零件 ·································· 34

　　活动2　精加工椭圆轮廓零件 ·································· 37

项目5　数控电火花线切割机床编程与加工技能训练 ················· 41

　　活动1　加工凸模 ·· 41

　　活动2　加工凹模 ·· 43

项目6　"绿色长留"模型数控加工技能训练 ······················· 46

　　活动　加工组合件 ··· 46

项目 1

数控加工工艺基础技能训练

活动 1 压板零件加工工艺设计

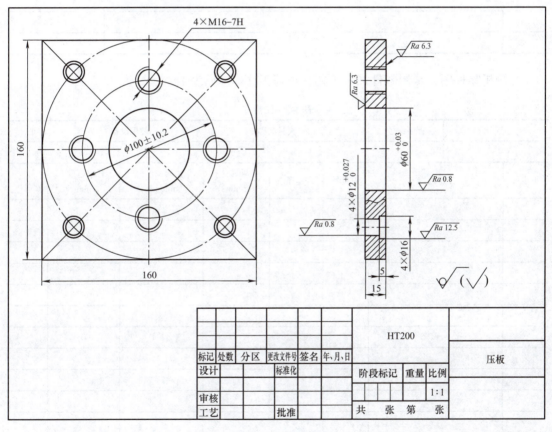

图 1-1 压板零件图

1. 根据零件图（图 1-1）确定毛坯类型为_____。
2. 分析零件图，确定量具，填写量具清单（见表 1-1）。

表 1-1　量具清单

序号	测量尺寸	量具名称	备注

3. 分析零件图，编制零件加工工艺，填写工序卡（见表 1-2）。

表 1-2　工序卡

工序号	程序编号	夹具名称	使用设备	车间

工步号	工步内容	刀具号	刀具规格	主轴转速/ (r/min)	进给速度/ (mm/min)	背吃刀量/ mm	备注

4. 分析零件图，确定刀具，填写刀具清单（见表 1-3）。

表 1-3　刀具清单

刀具号	刀具规格及名称	数量	刀长/mm	加工表面	备注

5. 评分标准（见表 1-4）。

表 1-4　评分标准

考核项目	序号	考核内容与要求	配分	检测结果	得分
工艺设计（40%）	1	加工设备选择合适	10		
	2	毛坯选择合适	10		
	3	工艺制订合理	10		
	4	切削要素选择合适	10		
刀具选择（20%）	5	面铣削刀具选择合理	5		
	6	$\phi 12_{0}^{+0.027}$ mm 孔加工刀具选择合理	5		
	7	$4 \times \phi 16$mm 孔加工刀具选择合理	5		
	8	$\phi 60_{0}^{+0.03}$ mm 孔加工刀具选择合理	5		
夹具选择（20%）	9	面铣削夹具选择合理	10		
	10	孔加工夹具选择合理	10		
量具选择（10%）	11	轮廓测量量具选择合理	5		
	12	孔测量量具选择合理	5		
安全文明生产（10%）	13	职业素养高	5		
	14	仪器仪表安全规范操作	5		

活动2　螺杆轴零件加工工艺设计

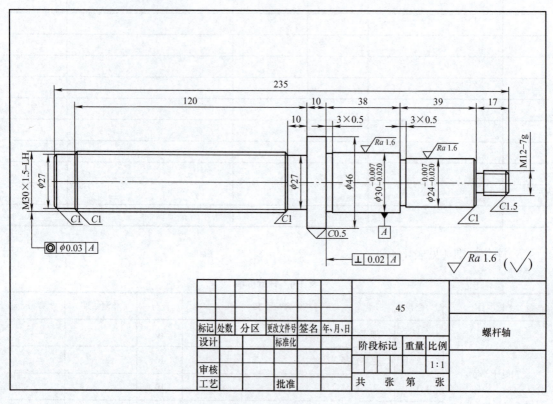

图 1-2　螺杆轴

1. 根据零件图（图 1-2）确定毛坯类型为_____。
2. 分析零件图，确定量具，填写量具清单（见表 1-5）。

表 1-5　量具清单

序号	测量尺寸	量具名称	备注

3. 分析零件图，编制零件加工工艺，填写工序卡（见表1-6）。

表1-6 工序卡

工序号	程序编号	夹具名称		使用设备	车间

工步号	工步内容	刀具号	刀具规格	主轴转速/(r/min)	进给速度/(mm/min)	背吃刀量/mm	备注

4. 分析零件图，确定刀具，填写刀具清单（见表1-7）。

表1-7 刀具清单

刀具号	刀具规格及名称	数量	刀长/mm	加工表面	备注

5. 评分标准（见表1-8）。

表1-8　评分标准

考核项目	序号	考核内容与要求	配分	检测结果	得分
工艺设计（40%）	1	加工设备选择合适	10		
	2	毛坯选择合适	10		
	3	工艺制订合理	10		
	4	切削要素选择合适	10		
刀具选择（20%）	5	外圆切削刀具选择合理	10		
	6	退刀槽加工刀具选择合理	5		
	7	螺纹加工刀具选择合理	5		
夹具选择（20%）	8	左侧加工夹具选择合理	10		
	9	右侧加工夹具选择合理	10		
量具选择（10%）	10	轮廓测量量具选择合理	5		
	11	螺纹测量量具选择合理	5		
安全文明生产（10%）	12	职业素养高	5		
	13	仪器仪表安全规范操作	5		

项目 2

数控车床编程与加工技能训练

活动 1 精加工轴零件

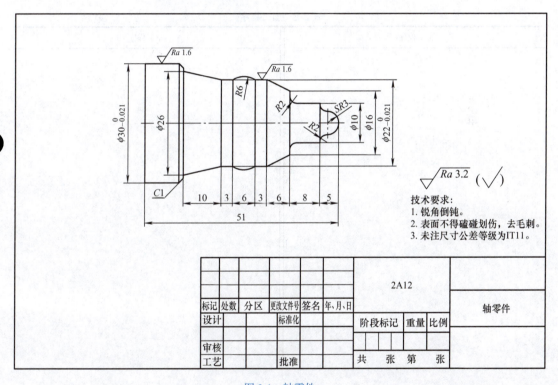

图 2-1 轴零件

1. 要求：如图 2-1 所示轴零件，该零件已经完成粗加工，请完成该零件的精加工程序编制及加工。

2. 分析零件图，确定刀具及量具，填写刀具、量具清单（见表 2-1）。

表 2-1 刀具、量具清单

刀具号	刀具规格及名称	刀长 /mm	加工表面	备注

序号	量具名称	测量尺寸	备注

3. 编写加工程序（见表 2-2）。

表 2-2 加工程序

加工程序	加工程序

4. 评分标准（见表 2-3）。

表 2-3 评分标准

考核项目	序号	考核内容与要求	配分	检测结果	得分
工艺与程序（35%）	1	工艺制订合理，夹具选择合理	5		
	2	刀具选择正确，切削用量确定合理	10		
	3	指令应用合理、正确	10		
	4	程序格式正确，符合工艺要求	10		

（续）

考核项目	序号	考核内容与要求	配分	检测结果	得分
工件加工评分标准（50%）	5	$\phi 22_{-0.021}^{0}$ mm	10		
	6	$\phi 30_{-0.021}^{0}$ mm	5		
	7	$\phi 10$ mm	5		
	8	$\phi 26$ mm	5		
	9	两处 $R2$ mm	5		
	10	$R3$ mm	5		
	11	$C1$	5		
	12	$Ra1.6\mu m$	5		
	13	51mm	5		
安全文明生产（15%）	14	刀具正确使用	5		
	15	量具正确使用	5		
	16	设备正确操作与维护保养	5		
	17	安全规范操作	若违规则倒扣 10 分		

活动 2 粗精加工轮廓零件 1

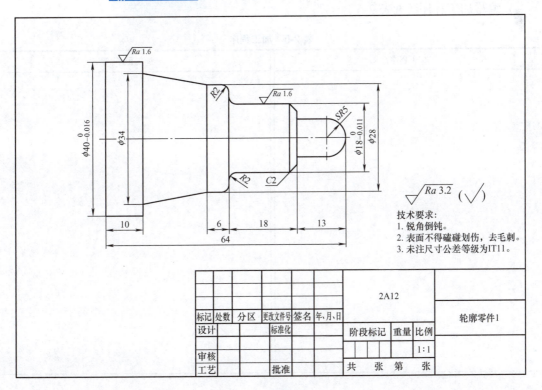

图 2-2 轮廓零件 1

1. 要求：根据图 2-2 所示零件，确定零件毛坯尺寸为＿＿＿＿＿＿，填写零件加工工序卡，完成加工程序编制，并加工。

2. 制订加工工艺，填写工序卡（见表 2-4）。

表 2-4　工序卡

工序号	程序编号	夹具名称		使用设备	车间
工步号	工步内容	刀具号	刀具规格	主轴转速/(r/min)	进给速度/(mm/min)	背吃刀量/mm	备注

3. 编写加工程序（见表 2-5）。

表 2-5　加工程序

加工程序	加工程序

(续)

加工程序	加工程序

4. 评分标准（见表 2-6）。

表 2-6 评分标准

考核项目	序号	考核内容与要求	配分	检测结果	得分
工艺与程序（35%）	1	工艺制订合理，夹具选择合理	5		
	2	刀具选择正确，切削用量确定合理	10		
	3	指令应用合理、正确	10		
	4	程序格式正确，符合工艺要求	10		
工件加工评分标准（50%）	5	$\phi 18_{-0.011}^{0}$ mm	5		
	6	$\phi 40_{-0.016}^{0}$ mm	5		
	7	$\phi 28$ mm	5		
	8	10mm	5		
	9	13mm	5		
	10	SR5mm	5		
	11	R4mm	5		
	12	18mm	5		
	13	Ra1.6μm 两处	5		
	14	64mm	5		
安全文明生产（15%）	15	刀具正确使用	5		
	16	量具正确使用	5		
	17	设备正确操作与维护保养	5		
	18	安全规范操作	若违规则倒扣 10 分		

活动 3 粗精加工轮廓零件 2

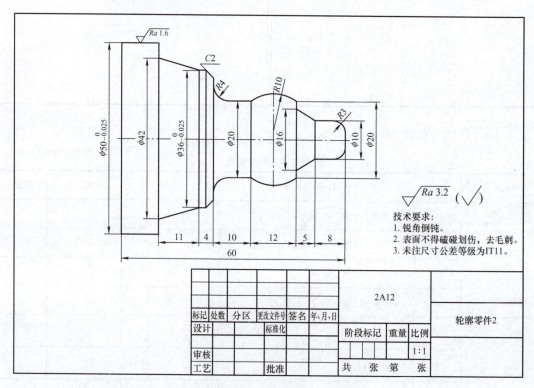

图 2-3 轮廓零件 2

1. 要求：根据图 2-3 所示零件，确定零件毛坯尺寸为_____，填写零件加工工序卡，完成加工程序编制，并加工。
2. 制订加工工艺，填写工序卡（见表 2-7）。

表 2-7 工序卡

工序号	程序编号	夹具名称	使用设备	车间

工步号	工步内容	刀具号	刀具规格	主轴转速/(r/min)	进给速度/(mm/min)	背吃刀量/mm	备注

3. 编写加工程序（见表2-8）。

表 2-8　加工程序

加工程序	加工程序

4. 评分标准（见表2-9）。

表 2-9　评分标准

考核项目	序号	考核内容与要求	配分	检测结果	得分
工艺与程序（35%）	1	工艺制订合理，夹具选择合理	5		
	2	刀具选择正确，切削用量确定合理	10		
	3	指令应用合理、正确	10		
	4	程序格式正确，符合工艺要求	10		
工件加工评分标准（50%）	5	$\phi 50_{-0.025}^{0}$ mm	5		
	6	$\phi 36_{-0.025}^{0}$ mm	5		
	7	$\phi 20$mm	5		
	8	$\phi 10$mm	5		
	9	$R10$mm	5		
	10	$\phi 16$mm	5		
	11	$R4$mm	5		
	12	$R6$mm	5		
	13	$Ra1.6\mu m$	5		
	14	60mm	5		

(续)

考核项目	序号	考核内容与要求	配分	检测结果	得分
安全文明生产（15%）	15	刀具正确使用	5		
	16	量具正确使用	5		
	17	设备正确操作与维护保养	5		
	18	安全规范操作	若违规则倒扣10分		

活动 4 加工典型综合轴零件 1

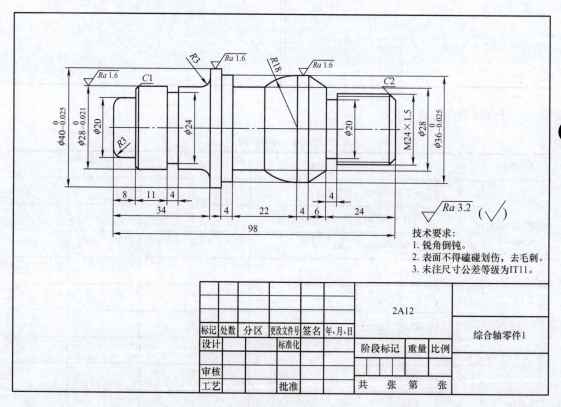

图 2-4 综合轴零件 1

1. 要求：根据图 2-4 所示零件，确定零件毛坯尺寸为＿＿＿＿＿＿，填写零件加工工序卡，完成加工程序编制，并加工。

2. 制订加工工艺，填写工序卡（见表 2-10）。

项目 2 数控车床编程与加工技能训练

表 2-10 工序卡

工序号	程序编号	夹具名称	使用设备	车间

工步号	工步内容	刀具号	刀具规格	主轴转速/(r/min)	进给速度/(mm/min)	背吃刀量/mm	备注

3. 编制加工程序（见表 2-11）。

表 2-11 加工程序

加工程序	加工程序

4. 评分标准（见表 2-12）。

表 2-12 评分标准

考核项目	序号	考核内容与要求	配分	检测结果	得分
工艺与程序（35%）	1	工艺制订合理，夹具选择合理	5		
	2	刀具选择正确，切削用量确定合理	10		
	3	指令应用合理、正确	10		
	4	程序格式正确，符合工艺要求	10		
工件加工评分标准（50%）	5	$\phi 40_{-0.025}^{0}$ mm	5		
	6	$\phi 28_{-0.021}^{0}$ mm	5		
	7	$\phi 36_{-0.025}^{0}$ mm	5		

(续)

考核项目	序号	考核内容与要求	配分	检测结果	得分
工件加工评分标准（50%）	8	ϕ28mm	5		
	9	ϕ24mm	2		
	10	ϕ20mm	2		
	11	R18mm	2		
	12	M24×1.5	5		
	13	R3mm	2		
	14	R6mm	2		
	15	98mm	5		
	16	Ra1.6μm（三处）	5		
	17	槽宽 4mm	5		
安全文明生产（15%）	18	刀具正确使用	5		
	19	量具正确使用	5		
	20	设备正确操作与维护保养	5		
	21	安全规范操作	若违规则倒扣10分		

活动 5　加工典型综合轴零件 2

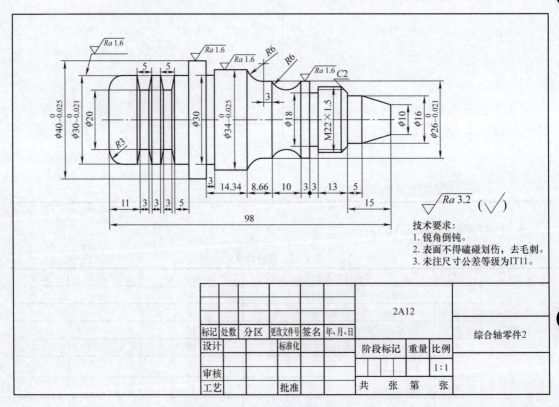

图 2-5　综合轴零件 2

1. 根据图 2-5 所示零件，确定零件毛坯尺寸为_____，填写零件加工工序卡，完成加工程序编制，并加工。

2. 制订加工工艺，填写工序卡（见表 2-13）。

表 2-13　工序卡

工序号	程序编号	夹具名称	使用设备	车间

工步号	工步内容	刀具号	刀具规格	主轴转速/(r/min)	进给速度/(mm/min)	背吃刀量/mm	备注

3. 编制加工程序（见表 2-14）。

表 2-14　加工程序

加工程序	加工程序

4. 评分标准（见表 2-15）。

表 2-15　评分标准

考核项目	序号	考核内容与要求	配分	检测结果	得分
工 艺 与 程 序（35%）	1	工艺制订合理，夹具选择合理	5		
	2	刀具选择正确，切削用量确定合理	10		
	3	指令应用合理、正确	10		
	4	程序格式正确，符合工艺要求	10		
工件加工评分标准（50%）	5	$\phi 40_{-0.025}^{0}$ mm	5		
	6	$\phi 26_{-0.021}^{0}$ mm	5		
	7	$\phi 30_{-0.021}^{0}$ mm	5		
	8	$\phi 34_{-0.025}^{0}$ mm	5		
	9	$\phi 16$ mm	2		
	10	$\phi 20$ mm	2		
	11	$\phi 18$ mm	2		
	12	M22×1.5	5		
	13	15mm	2		
	14	R6mm	2		
	15	98mm	5		
	16	Ra1.6μm（四处）	5		
	17	槽宽 3mm	5		
安全文明生产（15%）	18	刀具正确使用	5		
	19	量具正确使用	5		
	20	设备正确操作与维护保养	5		
	21	安全规范操作	若违规则倒扣 10 分		

项目 3
加工中心编程与加工技能训练

活动1 加工凸台零件

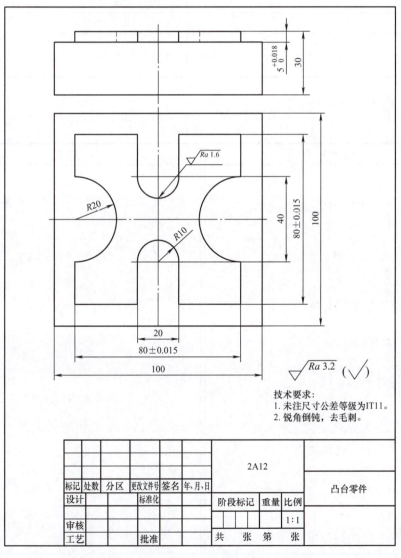

图 3-1 凸台零件

1. 要求：如图 3-1 所示凸台零件，该零件已经完成粗加工，请完成该零件的精加工程序编制及加工。

2. 分析零件图，确定刀具及量具，填写刀具、量具清单（见表 3-1）。

表 3-1　刀具、量具清单

刀具号	刀具规格名称	刀长/mm	加工表面	备注

序号	量具名称	测量尺寸	备注

3. 编制加工程序（见表 3-2）。

表 3-2　加工程序

加工程序	加工程序

(续)

加工程序	加工程序

4. 评分标准（见表3-3）。

表 3-3 评分标准

考核项目	序号	考核内容与要求	配分	检测结果	得分
工艺与程序（35%）	1	工艺制订合理，夹具选择合理	5		
	2	刀具选择正确，切削用量确定合理	10		
	3	指令应用合理、正确	10		
	4	程序格式正确，符合工艺要求	10		
工件加工评分标准（50%）	5	(80±0.015) mm（两处）	10		
	6	$5_{0}^{+0.018}$ mm	5		
	7	20mm	5		
	8	40mm	5		
	9	R20mm（两处）	10		
	10	R10mm（两处）	10		
	11	去毛刺	5		
安全文明生产（15%）	12	刀具正确使用	5		
	13	量具正确使用	5		
	14	设备正确操作与维护保养	5		
	15	安全规范操作	若违规则倒扣10分		

活动2 加工内外轮廓零件1

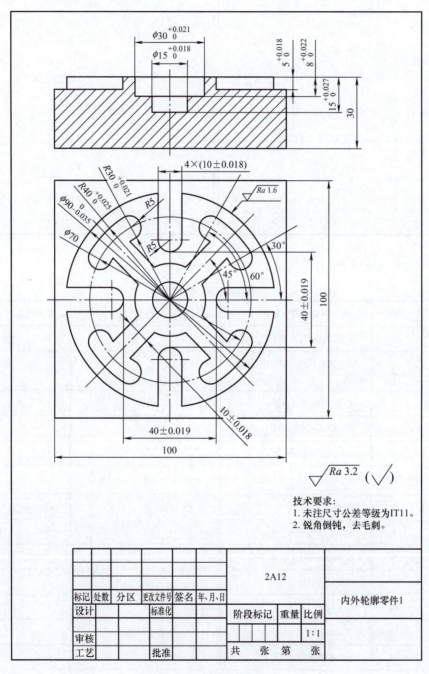

图 3-2 内外轮廓零件1

1. 要求：如图 3-2 所示零件，该零件已经完成粗加工，请完成该零件的精加工程序编制及加工。

2. 制订加工工艺，填写工序卡（见表 3-4）。

表 3-4 工序卡

工序号	程序编号	夹具名称	使用设备	车间

工步号	工步内容	刀具号	刀具规格	主轴转速 /(r/min)	进给速度 /(mm/min)	背吃刀量 /mm	备注

3. 分析零件图，确定刀具及量具，填写刀具、量具清单（见表 3-5）。

表 3-5 刀具、量具清单

刀具号	刀具规格名称	刀长 /mm	加工表面	备注

序号	量具名称	测量尺寸	备注

4. 编制加工程序（见表3-6）。

表3-6 加工程序

加工程序	加工程序

5. 评分标准（见表3-7）。

表3-7 评分标准

考核项目	序号	考核内容与要求	配分	检测结果	得分
工艺与程序 （35%）	1	工艺制订合理，夹具选择合理	5		
	2	刀具选择正确，切削用量确定合理	10		
	3	指令应用合理、正确	10		
	4	程序格式正确，符合工艺要求	10		
工件加工评分 标准（50%）	5	(40 ± 0.019) mm（两处）	4		
	6	(10 ± 0.018) mm（四处）	4		
	7	$\phi 90_{-0.035}^{0}$ mm	5		
	8	$R40_{0}^{+0.025}$ mm	2		
	9	$R30_{0}^{+0.021}$ mm	2		
	10	$5_{0}^{+0.018}$ mm	5		
	11	$\phi 70$ mm	2		
	12	$8_{0}^{+0.022}$ mm	5		
	13	$15_{0}^{+0.027}$ mm	5		
	14	$\phi 30_{0}^{+0.021}$ mm	5		
	15	$\phi 15_{0}^{+0.018}$ mm	5		
	16	去毛刺	6		
安全文明生产 （15%）	17	刀具正确使用	5		
	18	量具正确使用	5		
	19	设备正确操作与维护保养	5		
	20	安全规范操作	若违规则倒扣10分		

活动 3 加工内外轮廓零件 2

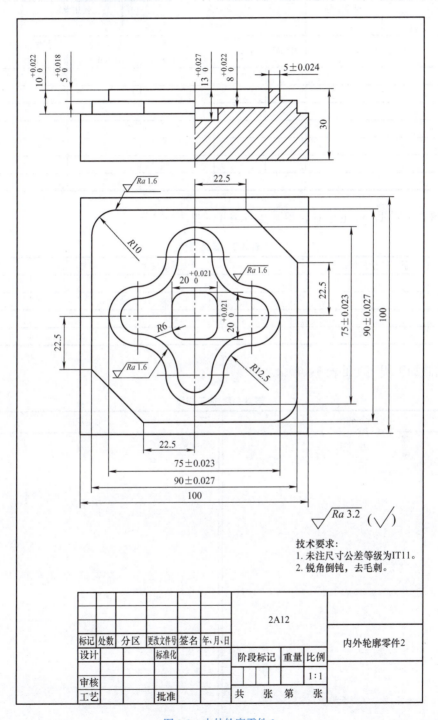

图 3-3 内外轮廓零件 2

1. 要求：如图 3-3 所示内外轮廓零件，完成该零件的加工程序编制及加工。
2. 制订加工工艺，填写工序卡（见表 3-8）。

表 3-8　工序卡

工序号	程序编号	夹具名称	使用设备	车间

工步号	工步内容	刀具号	刀具规格	主轴转速 / (r/min)	进给速度 / (mm/min)	背吃刀量 / mm	备注

3. 分析零件图，确定量具，填写量具清单（见表 3-9）。

表 3-9　量具清单

序号	量具名称	测量尺寸	备注

4. 编制加工程序（见表 3-10）。

表 3-10　加工程序

加工程序	加工程序

(续)

加工程序	加工程序

5. 评分标准（见表 3-11）。

表 3-11　评分标准

考核项目	序号	考核内容与要求	配分	检测结果	得分
工艺与程序 （35%）	1	工艺制订合理，夹具选择合理	5		
	2	刀具选择正确，切削用量确定合理	10		
	3	指令应用合理、正确	10		
	4	程序格式正确，符合工艺要求	10		
工件加工 评分标准 （50%）	5	(90 ± 0.027) mm（两处）	4		
	6	(75 ± 0.023) mm（两处）	4		
	7	$20_{0}^{+0.021}$ mm（两处）	5		
	8	22.5mm	2		
	9	R12.5mm	2		
	10	R6mm	2		
	11	$10_{0}^{+0.022}$ mm	5		
	12	$5_{0}^{+0.018}$ mm	5		
	13	$13_{0}^{+0.027}$ mm	5		
	14	$8_{0}^{+0.022}$ mm	5		
	15	(5 ± 0.024) mm	2		
	16	Ra1.6μm	4		
	17	去毛刺	5		
安全文明生产 （15%）	18	刀具正确使用	5		
	19	量具正确使用	5		
	20	设备正确操作与维护保养	5		
	21	安全规范操作	若违规则倒扣 10 分		

活动 4 加工孔系零件 1

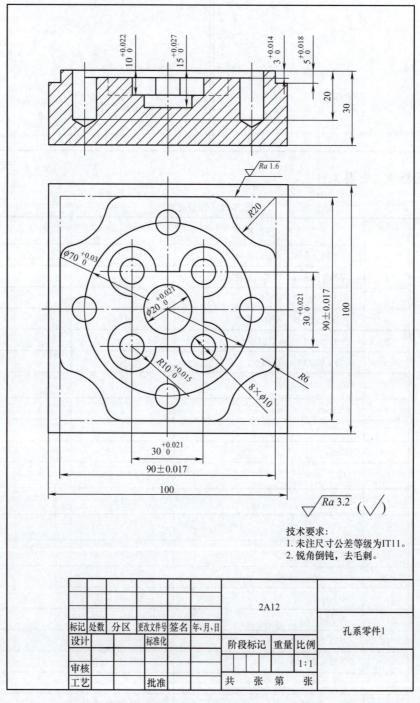

图 3-4 孔系零件 1

1. 要求：如图3-4所示孔系零件，制订加工工艺，完成该零件的加工程序编制及加工。
2. 制订加工工艺，填写工序卡（见表3-12）。

表 3-12　工序卡

工序号	程序编号	夹具名称	使用设备	车间			
工步号	工步内容	刀具号	刀具规格	主轴转速/(r/min)	进给速度/(mm/min)	背吃刀量/mm	备注

3. 根据工艺文件，确定量具，填写量具清单（见表3-13）。

表 3-13　量具清单

序号	量具名称	测量尺寸	备注

4. 编制加工程序（见表3-14）。

表 3-14　加工程序

加工程序	加工程序

(续)

加工程序	加工程序

5. 评分标准（见表 3-15）。

表 3-15　评分标准

考核项目	序号	考核内容与要求	配分	检测结果	得分
工艺与程序 （35%）	1	工艺制订合理，夹具选择合理	5		
	2	刀具选择正确，切削用量确定合理	10		
	3	指令应用合理、正确	10		
	4	程序格式正确，符合工艺要求	10		
工件加工 评分标准 （50%）	5	(90 ± 0.017) mm（两处）	4		
	6	$30_{0}^{+0.021}$ mm（两处）	4		
	7	$\phi 70_{0}^{+0.03}$ mm	5		
	8	$\phi 20_{0}^{+0.021}$ mm	5		
	9	$R10_{0}^{+0.015}$ mm（四处）	2		
	10	$\phi 10$ mm（十处）	2		
	11	$10_{0}^{+0.022}$ mm	5		
	12	$15_{0}^{+0.027}$ mm	5		
	13	$3_{0}^{+0.014}$ mm	5		
	14	$5_{0}^{+0.018}$ mm	5		
	15	20mm	2		
	16	$Ra1.6\mu m$	4		
	17	去毛刺	2		
安全文明生产 （15%）	18	刀具正确使用	5		
	19	量具正确使用	5		
	20	设备正确操作与维护保养	5		
	21	安全规范操作	若违规则倒扣 10 分		

活动 5 加工孔系零件 2

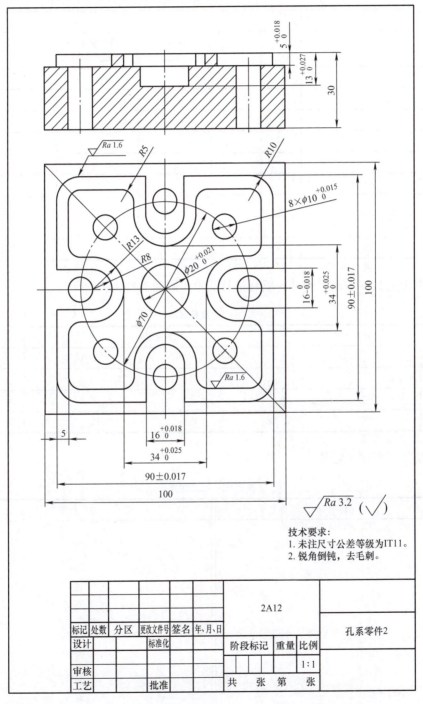

图 3-5 孔系零件 2

1. 要求：如图 3-5 所示孔系零件，制订加工工艺，完成该零件的加工程序编制及加工。
2. 制订加工工艺，填写工序卡（见表 3-16）。

表 3-16　工序卡

工序号	程序编号	夹具名称	使用设备	车间	
工步号	工步内容	刀具号	刀具规格	主轴转速/(r/min)	进给速度/(mm/min)	背吃刀量/mm	备注

3. 根据工艺文件，确定量具，填写量具清单（见表 3-17）。

表 3-17　量具清单

序号	量具名称	测量尺寸	备注

4. 编制加工程序（见表 3-18）。

表 3-18　加工程序

加工程序	加工程序

(续)

加工程序	加工程序

5. 评分标准（见表 3-19）。

表 3-19 评分标准

考核项目	序号	考核内容与要求	配分	检测结果	得分
工艺与程序（35%）	1	工艺制订合理，夹具选择合理	5		
	2	刀具选择正确，切削用量确定合理	10		
	3	指令应用合理、正确	10		
	4	程序格式正确，符合工艺要求	10		
工件加工评分标准（50%）	5	(90 ± 0.017)mm（两处）	2		
	6	$34_{0}^{+0.025}$mm（两处）	5		
	7	$16_{0}^{+0.018}$mm	5		
	8	$\phi20_{0}^{+0.021}$mm	5		
	9	$\phi70$mm	2		
	10	$\phi10_{0}^{+0.015}$mm（八处）	5		
	11	$13_{0}^{+0.027}$mm	5		
	12	$5_{0}^{+0.018}$mm	5		
	13	$16_{-0.018}^{0}$mm	5		
	14	5mm	2		
	15	$R5$mm	2		
	16	$Ra1.6\mu m$	5		
	17	去毛刺	2		
安全文明生产（15%）	18	刀具正确使用	5		
	19	量具正确使用	5		
	20	设备正确操作与维护保养	5		
	21	安全规范操作	若违规则倒扣10分		

项目 4

宏程序应用技能训练

活动 1　加工椭圆轮廓轴零件

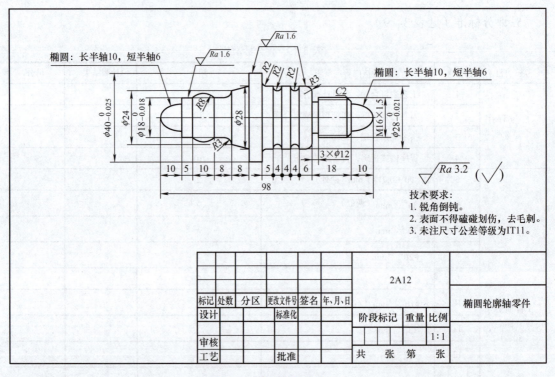

图 4-1　椭圆轮廓轴零件

1. 要求：如图 4-1 所示椭圆轮廓轴零件，制订加工工艺，编写零件的数控加工程序并完成加工。

2. 制订加工工艺，填写工序卡（见表 4-1）。

表 4-1　工序卡

工序号	程序编号	夹具名称	使用设备	车间

工步号	工步内容	刀具号	刀具规格	主轴转速 /（r/min）	进给速度 /（mm/min）	背吃刀量 /mm	备注

3. 根据工艺文件，确定量具，填写量具清单（见表 4-2）。

表 4-2　量具清单

序号	量具名称	测量尺寸	备注

4. 编制零件加工程序（见表 4-3）。

表 4-3　加工程序

加工程序	加工程序

(续)

加工程序	加工程序

5. 评分标准（见表 4-4）。

表 4-4　评分标准

考核项目	序号	考核内容与要求	配分	检测结果	得分
工艺与程序 （35%）	1	工艺制订合理，夹具选择合理	5		
	2	刀具选择正确，切削用量确定合理	10		
	3	指令应用合理、正确	10		
	4	程序格式正确，符合工艺要求	10		
工件加工 评分标准 （50%）	5	10mm（两处）	10		
	6	98mm	5		
	7	$\phi 40_{-0.025}^{0}$ mm	10		
	8	$\phi 28_{-0.021}^{0}$ mm（3处）	10		
	9	M16×1.5	10		
	10	Ra1.6μm	5		
安全文明生产 （15%）	11	刀具正确使用	5		
	12	量具正确使用	5		
	13	设备正确操作与维护保养	5		
	14	安全规范操作	若违规则倒扣10分		

活动2 精加工椭圆轮廓零件

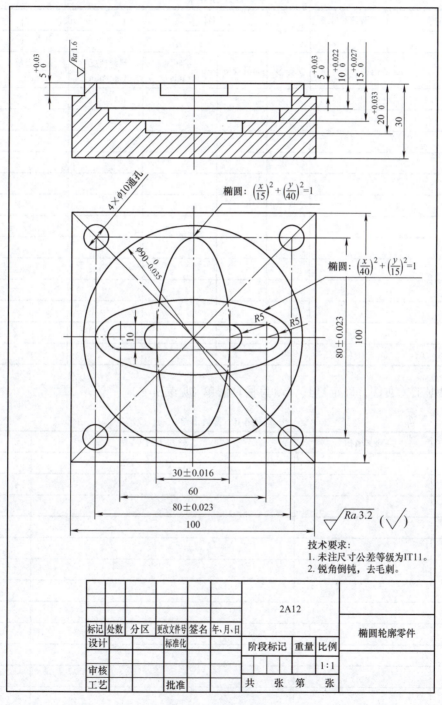

图4-2 椭圆轮廓零件

1. 要求：如图4-2所示椭圆轮廓零件，制订加工工艺，编写零件的精加工数控加工程序并完成加工。

2. 制订加工工艺，填写工艺卡（见表4-5）。

表4-5 工序卡

工序号	程序编号	夹具名称	使用设备	车间

工步号	工步内容	刀具号	刀具规格	主轴转速/(r/min)	进给速度/(mm/min)	背吃刀量/mm	备注

3. 根据工艺文件，确定量具，填写量具清单（见表4-6）。

表4-6 量具清单

序号	量具名称	测量尺寸	备注

4. 编制加工程序（见表4-7）。

表4-7　加工程序

加工程序	加工程序

5. 评分标准（见表4-8）。

表4-8　评分标准

考核项目	序号	考核内容与要求	配分	检测结果	得分
工艺与程序（35%）	1	工艺制订合理，夹具选择合理	5		
	2	刀具选择正确，切削用量确定合理	10		
	3	指令应用合理、正确	10		
	4	程序格式正确，符合工艺要求	10		

（续）

考核项目	序号	考核内容与要求	配分	检测结果	得分
工件加工评分标准（50%）	5	80±0.023mm（两处）	10		
	6	30±0.016mm（两处）	10		
	7	ϕ10mm 通孔（四处）	10		
	8	$5^{+0.03}_{0}$mm	5		
	9	$20^{+0.033}_{0}$mm	10		
	10	Ra1.6μm	5		
安全文明生产（15%）	11	刀具正确使用	5		
	12	量具正确使用	5		
	13	设备正确操作与维护保养	5		
	14	安全规范操作	若违规则倒扣10分		

项目 5

数控电火花线切割机床编程与加工技能训练

活动 1 加工凸模

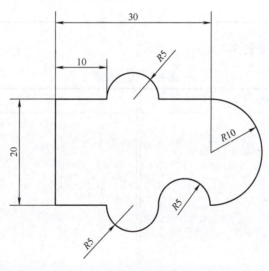

图 5-1 凸模

1. 要求：如图 5-1 所示凸模，厚度为 2mm，制订加工工艺，编写程序并加工。
2. 制订加工工艺，填写工艺文件。
1）根据零件图确定毛坯尺寸为_____。
2）适合加工此零件的机床设备是_____。
3）分析零件确定装夹方式以及设计工艺路线，填写工艺文件（见表 5-1）。

表 5-1 工艺文件

装夹方式	
工艺路线	

3. 编写加工程序（见表 5-2）。

表 5-2 加工程序

加工程序	加工程序

4. 填写线切割机床操作步骤（见表 5-3）。

表 5-3 线切割机床操作步骤

开机、关机正确操作步骤	
进入加工系统步骤	
寻边定位步骤	
输入零件程序步骤	
加工时的具体操作步骤	

5. 评分标准（见表 5-4）。

表 5-4 评分标准

考核项目	序号	考核内容与要求	配分	检测结果	得分
工艺设计（20%）	1	加工设备选择合适	5		
	2	毛坯选择合适	5		
	3	工艺路线设计合理	10		
零件程序（30%）	4	程序完整	5		
	5	程序仿真正确	25		
线切割机床操作步骤（40%）	6	开机、关机操作步骤正确	5		
	7	进入加工系统步骤正确	10		
	8	寻边定位步骤正确	10		
	9	输入零件程序步骤正确	10		
	10	加工时的具体操作步骤正确	5		
安全文明生产（10%）	11	职业素养高	5		
	12	仪器仪表操作安全规范	5		

活动 2　加工凹模

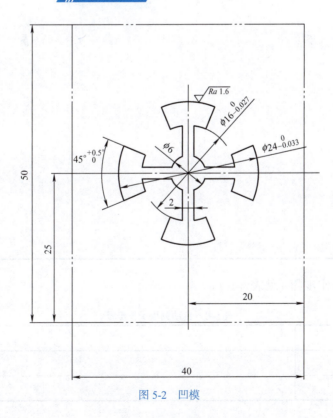

图 5-2　凹模

1. 要求：如图 5-2 所示凹模，厚度为 4mm，编写相关工艺文件，编制加工程序并加工。

2. 制订加工工艺，填写工艺文件（见表 5-5）。

表 5-5　工艺文件

电参数	脉冲宽度	
	电流峰值	
	脉冲间隔	
装夹方式		
工艺路线		

3. 自动编程操作步骤（见表 5-6）。

表 5-6　自动编程操作步骤

生成加工轨迹步骤	
仿真验证步骤	
生成程序步骤	

4. 零件 3B 自动编程加工程序（见表 5-7）。

表 5-7　自动编程加工程序

加工程序	加工程序

5. 评分标准（见表 5-8）。

表 5-8　评分标准

考核项目	序号	考核内容与要求	配分	检测结果	得分
工艺设计（30%）	1	加工设备选择合适	5		
	2	电参数选取合适	10		
	3	毛坯选择合适	5		
	4	工艺路线设计合理	10		
自动编程步骤（40%）	5	绘图正确	10		
	6	生成加工轨迹步骤正确	10		
	7	仿真验证步骤正确	10		
	8	生成程序步骤正确	10		
零件程序（20%）	9	程序完整	10		
	10	程序在机床上仿真验证正确	10		
安全文明生产（10%）	11	职业素养高	5		
	12	仪器仪表操作安全规范	5		

项目 6
"绿色长留"模型数控加工技能训练

 加工组合件

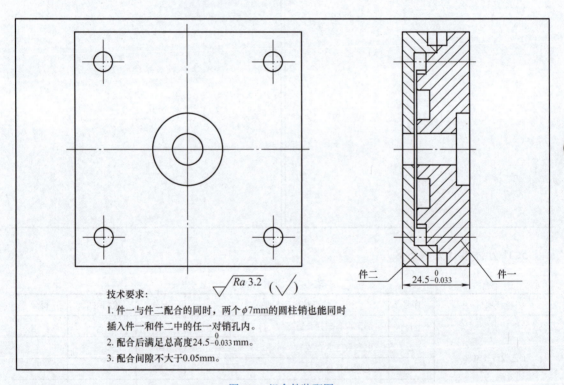

图 6-1 组合件装配图

项目6 "绿色长留"模型数控加工技能训练

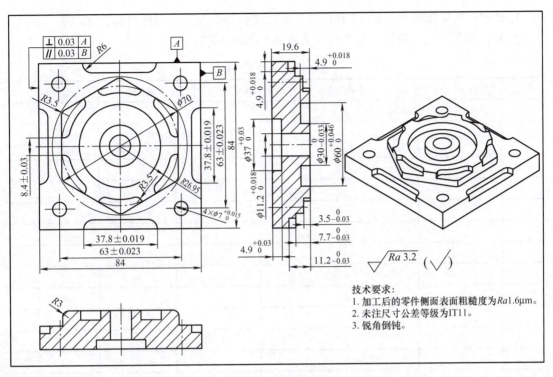

图 6-2　组合件件一

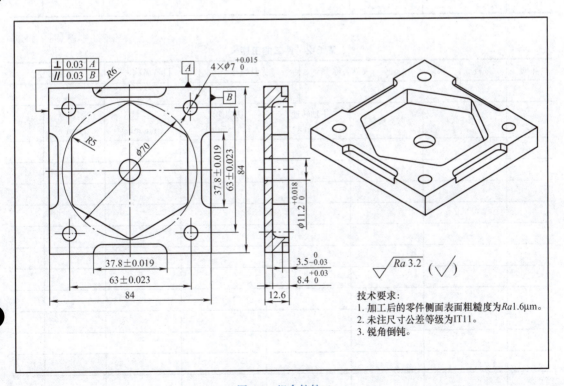

图 6-3　组合件件二

1. 要求：根据图 6-1、图 6-2 和图 6-3 完成组合件的加工，零件材料为 45 钢。
2. 制订加工工艺，填写工艺文件（见表 6-1 和表 6-2）。

表 6-1　件一的工序卡

车间	材料	工序号	夹具名称	夹具编号	设备名称	设备编号

工步号	工步内容	刀具规格	主轴转速 /(r/min)	切削速度 / (m/min)	进给量 / (mm/min)	切削深度 / mm	备注

表 6-2　件二的工序卡

车间	材料	工序号	夹具名称	夹具编号	设备名称	设备编号

工步号	工步内容	刀具规格	主轴转速 / (r/min)	切削速度 / (m/min)	进给量 / (mm/min)	切削深度 / mm	备注

3. 评分标准（见表 6-3、表 6-4 和表 6-5）。

表 6-3　件一的评分标准

检测项目	序号	检测内容	评分标准	配分	得分	备注
零件外形尺寸	1	19.6mm	超差不得分	2		
	2	84mm×84mm	超差不得分	2		
零件表面	3	垂直度 0.03mm	每超差 0.01mm 扣 1 分	1		
	4	平行度 0.03mm	每超差 0.01mm 扣 1 分	1		
	5	$Ra1.6\mu m$	每降一级扣 1 分	1		
孔	6	$\phi 7_{0}^{+0.015}$mm（四处）	每超差 0.01mm 扣 1 分	2		
	7	定位尺寸 (63 ± 0.023)mm（四处）	每超差 0.01mm 扣 0.5 分	4		
	8	$\phi 37_{0}^{+0.03}$mm	每超差 0.01mm 扣 1 分	2		
	9	$\phi 11.2_{0}^{+0.018}$mm	每超差 0.01mm 扣 1 分	2		
	10	$4.9_{0}^{+0.03}$mm	每超差 0.01mm 扣 1 分	2		
环槽	11	$\phi 30_{-0.033}^{0}$mm	每超差 0.01mm 扣 1 分	2		
	12	$\phi 60_{0}^{+0.045}$mm	每超差 0.01mm 扣 1 分	2		
	13	$4.9_{0}^{+0.018}$mm	每超差 0.01mm 扣 1 分	2		
开口槽	14	(37.8 ± 0.019)mm（四处）	每超差 0.01mm 扣 1 分	2		
	16	$R6$mm（八处）	超差不得分	2		
	17	$11.2_{-0.03}^{0}$mm	每超差 0.01mm 扣 1 分	2		
轮廓尺寸	18	$\phi 70$mm 内接六方	超差不得分	6		
	19	$R26.95$mm（六处）	超差不得分	3		
	20	$3.5_{-0.03}^{0}$mm（六处）	每超差 0.01mm 扣 1 分	3		
	21	$7.7_{-0.03}^{0}$mm	每超差 0.01mm 扣 1 分	3		
	22	(8.4 ± 0.03)mm（六处）	每超差 0.01mm 扣 0.5 分	3		
	23	$R3.5$mm（六处）	超差不得分	3		
		合计		52		

表 6-4　件二的评分标准

检测项目	序号	检测内容	评分标准	配分	得分	备注
零件尺寸	1	12.6mm	超差不得分	2		
	2	84mm×84mm	超差不得分	2		
零件表面	3	垂直度 0.03mm	每超差 0.01mm 扣 1 分	1		
	4	平行度 0.03mm	每超差 0.01mm 扣 1 分	1		
	5	$Ra1.6\mu m$	每降一级扣 1 分	1		

49

(续)

检测项目	序号	检测内容	评分标准	配分	得分	备注
孔	6	$\phi 7_{0}^{+0.015}$ mm（四处）	每超差 0.01mm 扣 1 分	2		
	7	定位尺寸（63 ± 0.023）mm（四处）	每超差 0.01mm 扣 1 分	2		
	8	$\phi 11.2_{0}^{+0.018}$ mm	每超差 0.01mm 扣 1 分	2		
开口槽	9	（37.8 ± 0.019）mm（四处）	每超差 0.01mm 扣 1 分	2		
	10	$R6$mm（八处）	超差不得分	4		
	11	$3.5_{-0.03}^{0}$ mm（四处）	每超差 0.01mm 扣 1 分	2		
型腔尺寸	12	$\phi 70$mm 内接六方	超差不得分	6		
	13	$R3.5$mm（六处）	超差不得分	2		
	14	$8.4_{0}^{+0.03}$ mm	每超差 0.01mm 扣 1 分	2		
		合计		31		

表 6-5　组合件的评分标准

检测项目	序号	检测内容	评分标准	配分	得分	备注
配合尺寸	1	配合技术要求 1	超差不得分	6		
	2	配合技术要求 2	超差不得分	5		
	3	配合技术要求 3	超差不得分	6		
		合计		17		